ANIMAL ETHNOGRAPHY

新・動物記 | 7 |

白黒つけないベニガオザル

やられたらやり返すサルの「平和」の秘訣

豊田 有

TOYODA ARU

京都大学学術出版会

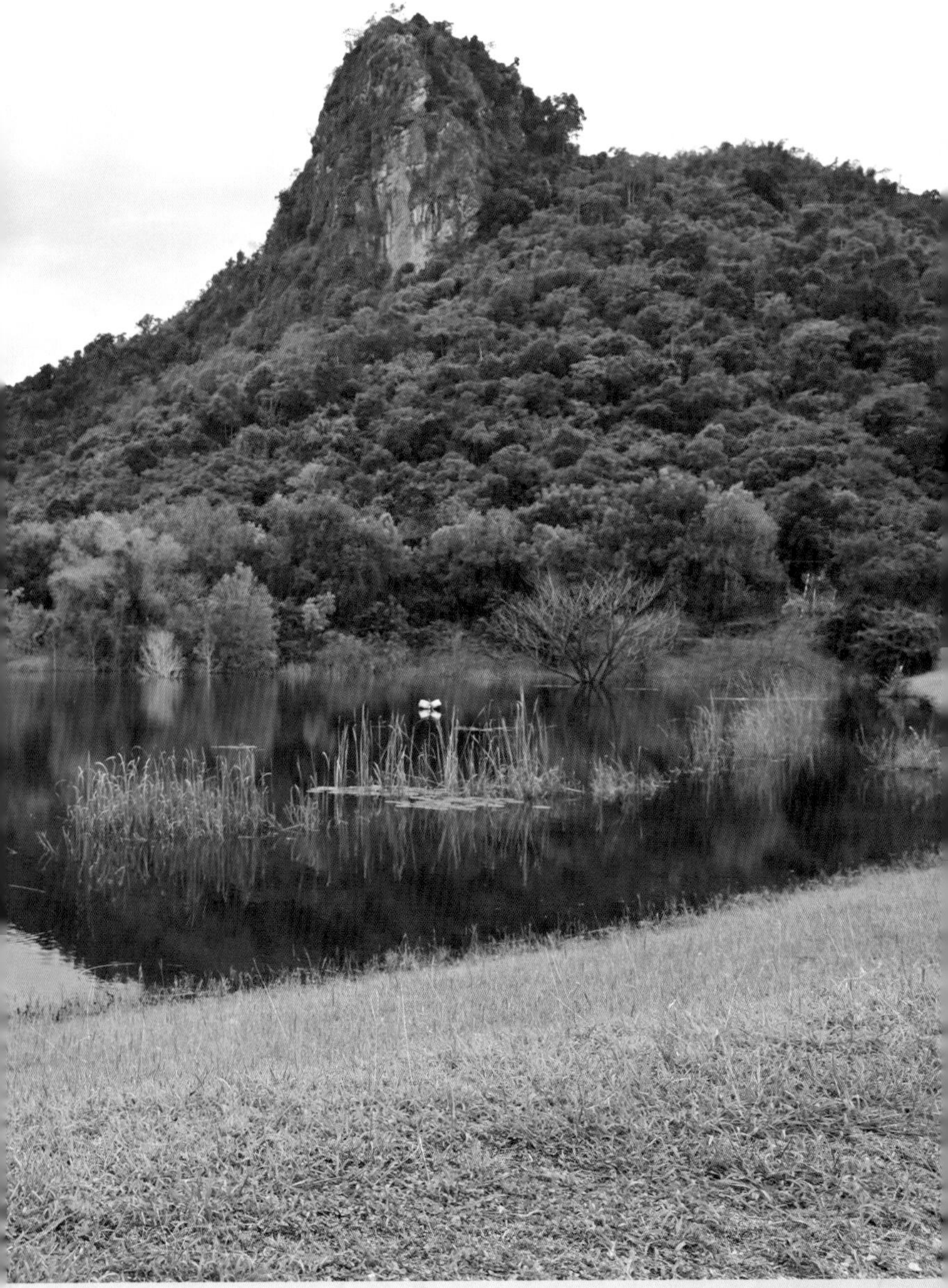

ベニガオザルを求めて日本から4000km。
タイの片田舎で、ひとり調査に明け暮れる。
何を食べ、何をして一日を過ごし、仲間とどんなふうに暮らしているのか。
彼らの生態はわからないことだらけだ。
サルたちの声に引き寄せられて、今日も岩山を登る。
容赦なく照りつける日光に焼かれ、突然降ってくるスコールに泣かされ、
無限にわいてくる蚊に刺されながら、森の中をひたすら歩く。
まだ見ぬ彼らの姿を記録するために。

顔の模様が出始めるのは2〜3歳頃から。顔の赤さや黒い斑点の模様の違いをもとに個体を識別する。親子や姉妹で顔の模様が似ていると思うこともある。

遊動時などはお互いに声をかけ合いながら移動する。観察者はこの声を頼りに群れの居場所を探す。オスは交尾の際に特別な音声を発する。

頬袋があり、ここに食べ物を蓄えることができる。食べ物を精一杯詰め込むと顔の大きさが倍くらいになる。

毛色が黒色の個体もいる。顔も黒くなる傾向にあり、一見すると別種に見える。（→p.171）

雌

赤ちゃんは真っ白い毛色で生まれ、生後1年ほどをかけてオトナの毛色になる。

毛色が変わり始めたコドモ。首周りや腕周りから色が変わっていくらしい。

メスは4歳頃から妊娠、出産できるようになる。子どもを生んだ母親同士は寄り集まって「ママ友会」を作る。（→p.145）

研究対象紹介

ベニガオザル

Macaca arctoides

哺乳綱霊長目オナガザル科

生息地 インド北東部、中国南部、ミャンマー、タイ、ベトナム、バングラデシュの東端、マレーシアの北西端にかけて

体　重 オス9.9〜15.5kg、メス7.5〜9.1kg

寿　命 飼育での最高齢記録は30歳

名前のとおり顔が紅いのが特徴。黒い斑点模様があり、個体ごとに違うため、個体の識別が比較的容易。複数のオスと複数のメスからなる100頭前後の群れを形成して暮らしている。地上性が強く、多くの時間を地面で過ごす。野外での研究がほとんどないため、その生態は謎に包まれている。

オスの犬歯は大きく鋭い。ケンカなどで折れたりすることもある。歯型は重要な個体識別情報になる。（→p.225）

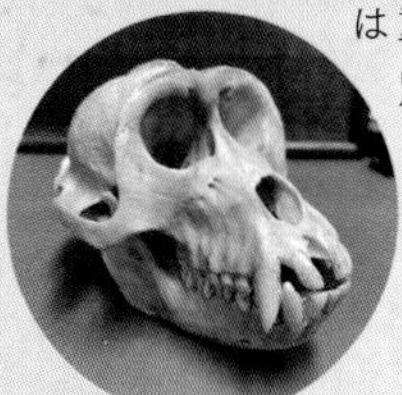

ベニガオザルのオスの頭骨
（日本モンキーセンター所蔵）

雄

特徴的な形態をしたオスのペニス。先端は細長く、途中で大きく屈曲している。

和解行動や挨拶行動として、相手の陰嚢を噛んだり、握ったりする行動が見られる。（→p.6）

やられたらやり返す平等な社会

社会的順位関係が不明瞭なベニガオザルの社会。ゆえに争いが頻発し、激しい攻撃の応酬に発展することも。そんな社会の中で、彼らはいかにして「平和」な暮らしを実現しているのだろうか。

ケンカによって唇を切り裂かれたオス（右）と、過去の激しい争いを勝ち抜いてきたことを物語る傷跡をもつオス（左）。

立ち上がって毛を逆立て、激しく威嚇するオス。こうした場面でオスは自分の睾丸を握りしめることがある。

さまざまな和解行動

至近距離で見つめ合う、唇を噛む、腕を噛む、陰嚢を噛む・握る……。やられたらやり返すケンカをエスカレートさせないために、ベニガオザルには多様な和解行動が発達している。（→3章第2節）

相手の唇を噛んでいるところ。オスの怪我が顔面に多いのは、もしかしたら和解交渉が決裂して相手に激しく噛まれることが原因かもしれない。

相手の陰嚢を噛んでいるところ。噛まれている陰嚢のシワに注目していただきたい。犬歯が食い込んでいるのである。一歩間違えれば大事な生殖器官を失うことになる。

交尾中のオスメスペアにちょっかいをかけるオスたち（→p.182）

知られざる繁殖生態

連合を組んでメスを囲い込むオスたち、交尾中のペアに群がる仲間たち、オスの戦略を巧妙にかわすメスたち……知られざる繁殖生態の一端が、観察と遺伝解析で明らかになってきた。

2頭のオスに囲い込まれ交尾を迫られるメス。オスたちの都合に振り回されるのかと思いきや、生まれてきた子どもの父親は意外なオスだった!?（→4章）

真っ白い赤ちゃんと群れの「平和」

毛色が白い間はオトナから特別扱いを受ける代わりに、群れの「平和」維持のために重要な役割を担う。（→3章第3節）

お寺で休息を取るサルたちの群れ。個体数が年々増加傾向にあることは喜ばしいが、保護区の森の自然資源で養える個体数を超えつつある。保護区外への拡散防止など、保全上の対策が喫緊の課題となっている。

サルたちの未来

野生動物に対する餌付けは、仏教徒にとっては善行とされている。こうした寺院での餌付けがこの地域のサルたちを絶滅の危機から救ったことは間違いない。しかし、保全を考える上では、ただ単に餌をやり続ければよいという問題ではないことを、真剣に考える時期に来ている。

迫りくる土地開発の波。私が調査を始めてからの7年余の間に、北部遊動域と東部遊動域を失ってしまった。

道路上で野菜を袋ごと撒く地域住民。交通事故の原因になる、危険な行為。

目次

4章　メスをめぐる奇妙な協力――順番に交尾するオスたちの狙い…173

二〇一五年二月一五日。私は名古屋発バンコク行きの飛行機の中で、席に着いて安全ベルトを締め、離陸の瞬間を待っていた。研究費などという大層なものを持っていなかった私は、日本航空やタイ航空のバンコク直行便の航空券が高くて買えず、キャセイパシフィック航空の香港経由乗継便のチケットを自腹で買った上での渡航だった。海外旅行は初めてではなかったものの、単身での渡航はこれが初めてだった。貯金を握りしめてきたが、これで足りるかどうかわからない。不安な旅路であった。

私が微笑みの国、タイ王国へ行こうとしていた目的は、ベニガオザルというサルの調査地を視察することだった。当時大学院の修士二年だった私は、学部生のときから取り組んでいたニホンザルの研究を終え、その先を考える時期に差し掛かっていた。海外での調査に憧れを抱いていた私は、博士研究としてベニガオザルの研究に取り組む決意をし、調査地を見定めるべく、タイに向かっていたのである。ベニガオザルの研究を夢見て四年以上。ついに夢が叶う瞬間が、まさに目の前まで迫っていた。

しかし私の心は浮かなかった。当時の日記にこう記している。

「なんとなく行きたくない。安全地帯を離れる気がして憂鬱。行きたかった割には、いざ行くとなるとつらい。何もないといいけど……」

私の性格をよくあらわした一文である。

私はいつもこういう態度だった。現状維持を好み、冒険を恐れた。一日の計画が前日に覆っただけでうろたえるほどだった。そのため、これまで大きなことを成し遂げた経験がなく、手堅く手元の仕事を確実にこなす人生だった。学部時代からニホンザルの研究を始めていた私は、そのままニホンザルの研究で博士の学位まで取るつもりでいた。ところが、あるときからどうしてもベニガオザルに対する憧れを抑えきれなくなり、ついに博士課程から研究対象を変えることを決意した。にもかかわらず、このときの私にとっては、夢が叶うことに対する期待や興奮よりも、馴染みのあるニホンザルから謎に満ちたベニガオザルへの大幅な路線変更に対する不安や心配の方がずっと大きかった。不安のあまり出発前夜は一睡もできず、重い足取りで搭乗した飛行機の中で書いた日記の第一文がこれだった。思い立って勢いよく舵を切ったものの、我ながら情けない幕開けである。しかし、この心細い小さな一歩が、ベニガオザルたちとの心躍るかけがえのない出会いへの確かな一歩だったのだ。

1章

微笑みの国へ

1 奇妙な世界からの手招き

ベニガオザルとはどういうサルか

おそらく多くの人は、ベニガオザルというサルをご存じないと思う。名前から察するに「紅色の顔をしたサル」であるというところまでは想像できても、実際の姿かたちを思い浮かべることができる人は非常に少ないだろう。日本の動物園ではほとんど飼育されていないため、私自身も、タイに行くまで実際にその姿を見たことは一度もなかった。

ベニガオザルは、簡単に言えばニホンザルの仲間、正確にはニホンザルと同じオナガザル科マカク属に分類されるサルである。和名「ベニガオザル」からもわかるように、顔が赤いのが特徴である。ニホンザルも赤い顔で表現されることが多々あるが、ニホンザルの顔が赤くなるのは秋から冬にかけてで、彼らの交尾期特有の特徴である。一方でベニガオザルは、ニホンザルのような繁殖の季節性がなく、顔の色も常に紅い。また、英名の「Stump-tailed macaque」が示すように、尾（tail）が四～五センチメートルと非常に短い（stump: 短く切られた）。ニホンザルも尾が六～一一センチメートルと短いが、それよりもっと短い。ベニガオザルは英語の別名で「Bear macaque」と呼ばれることもあるが、これは学名の *Macaca arctoides*（クマのようなマカク）に由来する。彼らの体が大きく、毛が赤茶色で長く、特にケンカの時などにムクリと立ち上がった様がまさにクマのように見えるからであろう。分布域は広く、西はインド北東部、北は中国南西部、東はベトナム、南はマレーシア北部まで、東南アジア大陸部のほぼ全域に生息している。しかしながら、森林伐採や土地開拓によって数少ない生息域が消滅・分断化されてしまい、インドの一部地域では絶滅したとされている。

研究の世界でもこのベニガオザルは非常にマイナーだ。一九七〇～一九八〇年代にまとまっていくつもの論文が出ているが、そのほとんどが飼育下での研究である。ベニガオザルは、ヒトと同様に加齢に伴い脱毛することが知られており、実験動物として利用されていたため、飼育下での研究も盛んに行われていたらしい。しかし、私がベニガオザルの研究を開始した二〇一五年当時、このサルの行動や生態を野外で長期的に継続観察・研究している研究者は、日本では私の師である武蔵大学の丸橋珠樹先生以外にはいなかったし、国際的に見ても、論文を出しているような研究者はほとんどいなかった。近年になってようやく、インドやマレーシアの研究チームから生態に関する基礎データの論文がちらほら出てくるようになった程度である。

私がこのベニガオザルというサルの存在を知ったのは、学部時代の比較的早いころであった。大学に入り霊長類学に触れた私は、将来サルの研究をやろうと志し、日本霊長類学会に参加したり、霊長類学関係の本を読んだりしながら、卒業研究に向けてニホンザルでの研究計画を練り始めていた。榎本知郎先生や高畑由起夫先生の本や論文に影響を受け、主要テーマを「繁殖に結びつかない性行

ベニガオザルのオス

Fourth群のオスの岩倉くん。私の推しザルである。首の周りに白毛が目立つ老齢オスだが、性格は非常に温和で優しい顔立ちをしている。いつも周りに数頭のメスがいる人気者でもある。

動の社会的機能の解明」に設定した私は、学部の卒業研究ではまず「メス同士の同性愛行動」を研究対象とすることにした。先行研究を調べるにあたって、自分の調べたいキーワードである「sexual behavior macaque」（性行動／マカク属サル）などと入力し、論文を検索していた。このとき私が探していたのは当然ニホンザル関連の論文であったが、よく見ると検索結果の中に「*Macaca arctoides*」というサルに関する論文がいくつも表示される。ベニガオザルの学名であるが、当時の私はこのサルを知らなかった。どれも数十年も前の古い論文ばかりである。試しにベニガオザルの画像をGoogleで検索してみると、赤と黒のまだら模様の顔をしたサルが口を開けて怒っている、なんともおどろおどろしい画像がいくつも出てきた。最初は目的外のサルの論文が何件も表示されることを疎ましく思い、避けていた。ところがあるとき、自分の研究に役立ちそうなタイトルの論文を一本ダウンロードし、試しに読んでみることにした。そこにはなんとも想像しがたい「奇妙な」性行動の数々が描かれていたのである。

「奇妙な」性行動

ベニガオザルの科学的面白さを一言でまとめるとすると、「繁殖に関する特徴が非常に特殊化しているサル」である。まず、性器の形態が種特異的に進化している。オスのペニスは細長く、鋭く尖っていて、しかも途中で屈曲している（巻頭口絵参照）。オス側の形態に対応して、メスの膣の長さも非常に長い。マカク属のサルは伝統的に、オスの性器の形態によって四つの種群に分類されるこ

文献[1]より引用

図1　ベニガオザルの多様な性行動の例

とがあるが、ベニガオザルだけはどの近縁種とも似つかない変わった形態をしているために、一種で独立した「ベニガオザル種群」という分類群に分けられているほどで、いわば〝仲間はずれ〟である。そして、性器の特殊な形と関連してか、性行動も他種では見られない変わった行動がたくさん報告されているのである。

私が読んだ論文[1]に書かれていたものは、オス同士でお尻を付け合ってペニスを握りあったり、相手のペニスを口に含んでいたりと、ニホンザルでは見たこともないような行動ばかりだった。そもそもそれは絵で描かれていたが、本当に絵の通りの行動が起きるのか怪しいとさえ思った。同時に、「繁殖に結びつかない性行動」を研究していた私にとっては、非常に興味深い種でもあった。これらが繁殖を目的とした行動ではないことは誰の目にも明らかである。なぜこんな行動をするのだろうか、それにはどんな社会的機能があるのだろうか、なぜベニガオザルだけがこんな特殊な進化をしたのだろうか……いくつもの謎が次々と、頭の中をよぎっていった。

それでも私は、ベニガオザルの研究など実現不可能な妄想だと端から諦めていた。そもそも、当時の私はベニガオザルを研究している人を知らなかったし、どこに行けば調査ができるのかもわからない。出ている論文も古いものばかりで、しかも飼育下での報告が大半だった。それよりも、目の前のニホンザル研究が先だと忙しくしているうちに、ベニガオザルについてはそれ以上調べることもなくなっていた。

ベニガオザルに引き寄せられて――転進のきっかけ

二〇一三年に大学を卒業した私は、本格的に霊長類の研究に取り組もうと、霊長類学の聖地・京都大学霊長類研究所の修士課程に進学した。学部時代からの研究テーマ「繁殖に結びつかない性行動の社会的機能の解明」を引き継ぎ、修士研究では対象とする行動を「高齢個体の交尾行動」にした。すでに閉経を迎えたと思われる高齢個体は、妊娠できないのになぜ交尾をするのか、オスの交尾を受け入れることによってなにか社会的な利益を享受しているのではないだろうか、と考えたのである。

霊長類研究所では、修士号の取得に必要な単位を得るための講義は初年度の春夏に集中しておこなわれる。この講義をみっちり受けたあとは、各々修士研究に専念する。私もこの年の秋から、京都の調査地で修士研究のための調査を始めた。交尾行動を観察しつつ、閉経状態にあることを生理的に証明するためにホルモン分析用の糞サンプルを集めるフィールド研究を約半年間おこなった。フィールド調査を終える頃には年度が変わり、今度は集めてきたサンプルの分析が始まった。数百という糞サンプルを乾燥させ、そこからホルモンを抽出し、ひたすら分析する。連日徹夜状態で実験に明け暮れる日々が二か月は続いただろうか。

そんな実験に追われていた時期、修士二年に上がってまもなく、日本学術振興会の特別研究員DC1の申請時期がやってくる。DC1の申請書では、博士課程の三年間で実施する研究の計画を書かねばならない。多くの大学院生が、自分の将来の研究について、真剣に考える時期だ。この時私は、博士課程もこのまま修士研究の延長でニホンザルの研究を続けると、研究の方向性が私の興味から逸れていくことに気づき始めていたのである。

私は学部から修士まで一貫して行動とホルモン動態との関連を軸に研究をすすめてきたが、野生動物の排泄物からホルモンを測る研究にはいろいろな制約がある。複数の個体をひとりで追跡し、行動を観察しながら糞サンプルを採るというのは大変な作業だ。おまけにすべての個体から毎日確実に糞が採れる保証もない。また、糞からでは測定可能なホルモンの種類も限られる。こうした種々の制約を乗り越え、行動とホルモン動態との関連を詳細に調べようと思えば、行き着く先は飼育個体を用いた行動実験だった。飼育されている動物であれば糞や尿といった排泄物は毎日確実に手に入るし、より多くの種類のホルモンが計測可能な血液サンプルを定期的に採取する研究も実行可能だ。

しかし私にとって、ホルモン分析は動物の行動を理解するための手段の一つであり、必ずしも主たる研究関心ではなかった。野外で動物を追いかけ行動を観察するフィールド研究が好きだった私は、飼育条件下のサルを用いた実験研究に移行するのをためらっていた。その頃から、あのベニガオザルが再び脳内にちらちら登場するようになっていった。次第にベニガオザルへの興味が膨らんでいき、おどろおどろしいと思った外見さえ、「カッコいいサル」だと思い始めていた。

師との出会い

のちに師と仰ぐことになるベニガオザル研究者との出会いは唐突だった。二〇一三年の夏、修士一年だった私は運命とも言える機会に巡り合った。名古屋で開かれた日本霊長類学会で、なんとベニガオザルの発表をしている研究者を見つけてしまったのである。それが、武蔵大学の丸橋珠樹先生だった。丸橋先生といえば、屋久島のニホンザル研究の開拓者として、誰もが知っている伝説の大先生である。どうやら丸橋先生は、年に一〜二回の短期調査でタイのベニガオザルを定期的に観察されているようだった。私はすぐさま声をかけたい気持ちでいっぱいだったが、どこの馬の骨ともわからない私ごときの学生から気軽に声をかけるなどとてもできそうになく、またそんな勇気もなかったために、懇親会でも五メートルまで近づいたもののそばから見ているだけだったことを覚えている。

翌二〇一四年夏の日本霊長類学会は大阪だった。丸橋先生はまたベニガオザルの研究報告をされていた。今回はなんとか声をかけたい。懇親会で丸橋先生を見つけると、話しかける機会をうかがった。緊張しながら自己紹介を済ませ、ベニガオザルに興味があることを伝えた。その時の丸橋先生の反応は非常に好意的で、機会があればいつでもどうぞ、と歓迎してくださった。ただ、当時の私にはベニガオザルでの具体的な研究プランなどなく、ましてやすぐにベニガオザルを研究できるとは夢にも思っていなかった時期であり、ありえたとしても博士号を取得してからかなぁという具合でぼんやりとしか考えていなかった。海外での長期調査というものに、敷居の高さを感じていたからである。それでもいつか、この先生にお願いすればベニガオザル研究の道が開けるかもしれないという貴重な出会いに感激していた。

その後、話は思いがけずトントン拍子に進んでいく。学会直後の丸橋先生とのメールのやりとりで、一一月に運良くタイの大学の先生が霊長類研究所にいらっしゃる機会があることを知らされた。この先生とは、〃タイの東大〃とも称されるチュラーロンコーン大学の理学部で教授をされているマライヴィジットノン・スチンダ先生だ。スチンダ先生自身もかつて霊長類研究所で霊長類学を学んだ方で、現在はタイ国立霊長類研究センターの所長として霊長類を用いた臨床実験研究を積極的に推進する傍ら、タイ国内に生息する野生霊長類を研究する多くの外国人研究者を受け入れるカウンターパートも務めている。丸橋先生もスチンダ先生をカウンターパートとして調査許可を取得していた。これは絶好の機会だということで、丸橋先生がスチンダ先生に私の紹介メールを書いてくださり、面談の機会を設けてもらうことができた。

面談にあたり、「履歴書と修士研究の概要、ならびにベニガオザルで実施したい研究計画案をまとめておくように」という指示を受けたのだが、研究計画案についてはなんとも書きようがなかった。いかんせん、私はまだベニガオザルそのものを見たこともないのである。先行研究をあれこれ調べたものの、やはり野生のベニガオザルで何ができるのか、いまいちピンとこなかった。とにかく「奇妙な性行動」をいっぱいするらしいから、その行動の機能を明らかにしたいという計画を書いた記憶があるが、それは計画とは言い難い、単なる私の妄想でしかなかった。

面談は一一月一六日だった。当日、私はとても緊張していた。意味不明な研究計画を説明してモジモジしている私を見たスチンダ先生は、一体どう思っただろうか……こんな使えないやつはダメだ！と断られるかもしれない、と思ったその時、スチンダ先生から、思いもよらない提案があった。

「丸橋先生が二月に三週間の調査を予定しているので、一緒に行って予備調査を実施したらどうか？」

これに同席していた丸橋先生も同意してくださった。二月というのがまた好都合だった。この年の霊長類研究所の修士論文発表会が一月二五日だったからだ。自分の修士研究の発表会が終わればすぐにタイに行き、夢にまで見たベニガオザルを観察することができるのである。

こうして、私のベニガオザル研究の扉は開かれ、第一歩を踏み出すこととなったのである。

2 マイペースなベニガオザルたち

初めての予備調査

二〇一五年二月一五日、私はタイ・バンコクへ向かう飛行機に乗っていた。名古屋の中部国際空港発・香港経由である。

なにかと不安の多い旅だ。まず、一人旅である。一緒に調査に行く丸橋先生は東京発バンコク直行の深夜便で渡航のため、一六日の朝六時にタイ到着という。計画では一六日の朝八時に現地タイのチュラーロンコーン大学内にある宿泊施設で合流することになっていた。研究費をまったく持っていなかった私は直行便が高くて買えなかったため、バンコクの空港で先生と合流するという計画が立てられず、安い乗継便でのタイ入国で、やむなく前日入りするしかなかった。初日はひとりで移動し、翌日の朝に予定の合流地点まで自力でたどり着かねばならない。

調査準備も心配であった。調査地の様子はまったくわからず、何が必要なのかも不明だった。丸橋先生に聞いても、「森の奥深くでキャンプ生活をするわけではないし、電気もあるところですから、何の心配もいらないでしょう」という返事だけで、細かな情報はよくわからなかった。今にして思えば、〝電気〟にしか言及されていないことに気づくべきだった。とにかく考えられるだけの荷物を用意したものの、足りないものがあったらどうしようかと不安であった。

最大の懸念は、丸橋先生はどうやらとても怖い先生らしい、ということだった。丸橋先生は、屋久島で最初にヤクザルを餌付けすることなく観察者に慣れさせた、誰もが知る屋久島でのサル研究の開拓者のひとりであるが、その厳しさから「角橋先生」と呼ばれていたという。学会や面談でお会いした際にはそんな様子はなかったが、もしかしたらフィールドでは鬼のように厳しい先生なのかもしれない。そんな先生と三週間の予備調査である。

そんなことをあれこれ心配しているうちに、機中ついに仮眠もできぬまま、飛行機はスワンナプーム空港に到着した。ボーディング・ブリッジは熱気を帯び、東南アジア特有の匂いが充満していた。蒸し暑い。かと思うと、ターミナルビル内に入った瞬間にエアコンでガンガンに冷やされた空気に曝される。オーキッドとレモングラスの芳香剤の匂いが漂い、タイ語のアナウンスが流れている。

「ついにタイまで来てしまった……」

もう覚悟を決めるしかなかった。

入国審査を終えた私は、空港で両替を済ませた。今になって考えると、両替レートの悪い空港で手持ちの現金をすべて両替するなど、なんと愚かな行為か。しかし当時の私には、市街地にあるレートのいい両替所を知らなかったので、しかたがなかった。大きなスーツケースを担ぎ空港直結の鉄道駅へ向かい、電車でパヤタイ駅まで行く。初日はこのパヤタイ駅近くのホテルを予約していた。

大学近くにもいっぱいホテルがあったが、予算も限られていたので値段で決めた結果、土地勘がないゆえに随分と中途半端な場所にホテルを取ってしまったのだった。

翌朝、ホテルからタクシーを拾って丸橋先生との合流地点に向かった。タクシーの運転手なら、チュラーロンコーン大学の宿泊施設の場所も知っているだろうと思ったからだ。しかし実際にタクシーに乗ってみると、運転手も詳しい場所はよく知らないらしく、大学入り口で降ろされてしまった。なんと無責任なことか。しかたなく地図を見ながらどうにか宿泊施設までたどり着き、ようやく丸橋先生と合流できた。先生は、深夜便で移動し早朝にタイに着いたばかりとは思えないほど、お元気そうな様子だった。一方の私はといえば、相変わらずホテルでもろくに眠れず、道にも迷いかけ、すでに疲労困憊である。

朝九時ちょうどにカウンターパートのスチンダ先生の部屋を訪ね、挨拶を済ませた。その後はチュラーロンコーン大学近くのショッピングモールへ向かい、そこで丸橋先生が日本円の両替、SIMの購入と、着々と準備をすすめていく。私は先生の後について行って、銀行や携帯キャリアのお店の場所を覚えるのに必死だった。

調査地への出発は翌一七日だった。朝の八時半に、手配したバンが来るという。私はパヤタイのホテルから再びタクシーを拾った。キャリーケースにバックパックに、荷物がたくさんあったからだ。荷物をタクシーのトランクに積み込むも扉が閉まらず、ロープで固定する始末である。一方の丸橋先生はというと、身軽な格好で集合場所に登場した。話を聞くと、どうやら調査道具関連を一式、大学に預けているらしかった。倉庫のような部屋から出してきた先生の預け荷物は、衣装ケース三つほどあった。なるほど、そういう手段も可能らしい。バン到着と同時にこれらの荷物をさっさと積み込み、あっという間に出発である。

二時間ほど移動しただろうか。大学を出たバンは、最初の休憩地であるカオヨーイ山に到着した。ここで遅めの朝食をとった。おかずがずらっと並んでいて、欲しいものを指さすとご飯の上にドバッとかけられる。食事を早々に済ませると、今度はペッチャブリー市街地にある大きなショッピングモールに向かう。ここで調査地生活に必要なもの、特に調味料や洗剤などの日用品を買い揃えた。その後、タヤーンという小さな町の地元の市場に寄って、野菜や果物を購入したら、買い出しは完了だ。あとは調査地に向かうのみである。

大きな国道から脇道に逸れたバンは、灌漑用水路に沿って移動した。さとうきび畑が広がり、タイの田舎の家や商店が点在する、のどかな風景が広がってきた。そんな道を四〇分ほど走ったころ、岩山が見えてきた。ついに目的地、カオクラプック・カオタオモー保護区に到着したのである。大学からはおおよそ一七〇キロメートルの移動距離だ。バンが宿泊施設のような平屋の建物の前に停車すると、この保護区の職

地元市場で生鮮食材を買い込む丸橋先生。

調査地の建物

手前側が客室用の棟になっていて、先生と私は手前から2番目の部屋に滞在することになった。

員と思われる四名が出迎えてくれた。五〇代後半と思われる夫婦と、四〇代前半と思われる夫婦だ。バンの運転手といろいろと話をしているようだが、何を言っているのかもよくわからない。そうこうしているうちに、荷下ろしである。平屋建ての建物は四部屋分あり、そのうち二部屋は保護区の職員用、二部屋が観光客用、という感じだ。私と丸橋先生は、観光客用の部屋の一室に相部屋で滞在することとなった。我々が使う部屋には、木製のベッドが五台、ずらっと並んでいるだけだった。あとは扇風機が二台と、古い小さな冷蔵庫が一つ。他には何もない。この冷蔵庫も、あとになって、まともに冷えないことがわかった。

バンの運転手は交通費三〇〇〇バーツを受け取ると、さっさと帰っていった。バンが迎えに来るのは三週間後。その日まで、我々には移動手段がない。この調査地に缶詰状態である。もし買い忘れたものがあったら？ 足りないものが今わかったら？ その時はもう手遅れである。

衝撃は続く。まず、この部屋には電気はきているが、上水道がきていない。シャワーはついているが、その蛇口から出てくる水は宿泊施設の目の前にある溜め池から汲み上げている水だという。その溜め池は、大した水位があるわけでもなく、流れのある川に接続しているわけでもないので、水は淀んで濁っている。貯水池の機能を担っているらしいが、どこからどう見てもただの汚い池である。そんな池から汲み上げた水をそのままシャワーに使うなんて……と思いながらシャワーをひねると、出てくるのは生暖かい泥水だ。おまけに臭いがすごい。硫黄臭い時もあれば、たまに池の中でなにか死んでいるのでは？　というような腐敗臭に近い臭いがする時もある。この時点で、すでに心が折れかけていた。当然ながらトイレも和式のような便器があるだけで、自動では流れず、毎回桶で水を掬って自分で流す。何杯ほどの水を流せば綺麗に流れているのかよくわからないし、そもそも使っている水自体が汚いので、もう何が何だかよくわからない。バンコクは未来都市だったのかという錯覚に陥るようなタイの田舎の農村の暮らしぶりに、直ちに適応せねばならなかったのである。

そしてとにかく暑い。部屋は二面にしか窓がなく、風通しが悪い。扇風機はあったが、気休めにもならない。とりあえず、と腰を下ろしたベッドは硬く、マットレスらしき敷物も薄くペタペタで、まるで木の板に直接寝ているような感覚である。おまけに布団として毛布が置かれている。この熱帯の夜に、硬いベッドに横たわり、毛布をかぶるのか？　まるで意味がわからない。しかし、そんな不安に苛まれている暇などない。荷解きもそこそこに、さっそくサルを探しに行くことになった。調査着に着替え、カメラを持って、いざ出発である。

私は、学部三年の時に屋久島での実習参加を機に一眼レフカメラを買ってからというもの、すっかり写真撮影に熱中していた。ついに、念願の野生ベニガオザルを写真に収める機会がすぐそこまで来ていることに、私はとても興奮していた。Googleの画像検索で出てきた、あのおどろおどろしいベニガオザルの写真を超える良い写真を、絶対に撮って帰るのだと心に決めていた。

幻のサルとの対面

部屋を後にした我々は、近くにあるお寺に向かった。そのお寺のすぐ裏側にある岩山が、どうやらベニガオザルの生息地らしい。お寺の敷地から山に入る細い道が一本ある。これが調査路ということだ。獣道を人間が拡張したような感じで、舗装などはまったくされていない。一見しただけではただの藪にしか見えないが、慣れれば道が見えてくる。まずはこの調査路を一通り歩いて、方角と位置を把握することから始めた。

私は森の様子と道順を覚えるのに必死だった。目印となる岩や大木の位置を一生懸命GPSで記録していた。それぞれの場所に、丸橋先生がどんな名前をつけているのか把握しておかないと、はぐれた時の合流地点の設定や、のちの情報の照らし合わせなどが困難になる。平たい岩、倒木のトンネル、傾いた石柱らしきなにか……それぞれの目印を地点登録すべく、ポチポチとGPSをいじっていた。

その時である。ふと歩みを止めた先生の前方の茂みから、なにかが出てきた。丸橋先生はカメラを構えた。私も急いでその藪の中で動いている「なにか」を目で追いながら、カメラを構えた。レ

GoProで撮影した、調査路を歩く映像。季節は乾季初旬で、まだ木々の葉が茂っている。前半部分は竹林エリアで、調査路を進むにつれて雑木林に変わっていく。
〈動画URL〉https://youtu.be/RzjuHnstHsY

ンズ越しに見えたものは、緑の藪の中を歩いていく、茶色い毛皮と赤い顔をした動物だった。

「ベニガオザルだ!」

初めて出会ったベニガオザルは、体の大きなオスだった。そのオスは、私たちの前に現れると、スッと腰を下ろし、落ち着いた様子でこちらをじっと眺めていた。ずっしりとした大きな体格、長く艶やかな茶褐色の毛並み、立派なあごひげ、大きな睾丸、そして美しい紅い顔……実際のベニガオザルには、おどろおどろしさはまったくなかった。それどころか、見たものを一瞬で虜にするほどの魅力にあふれていた。

この時の感動は、今でも忘れない。長年、実物を直接観察することを夢にまで見た幻のサルが、目の前にいる。出会いそのものはあっけなかったが、本物の、野生のベニガオザルである。その優美で堂々とした姿を写真に収めようと、私

初めて出会ったベニガオザルと、その時に私が撮った写真。
このオスはのちに小野寺くんと名付けることになるThird群のオスだった。

は必死にシャッターを切った。

しばらくすると、群れの他の個体がチラホラと森の中から出てきた。あちこちに、ベニガオザルがいるのだ。短い間の追跡だったが、もう思い残すことはない、というくらい写真を撮った。その感動を噛み締めながら、初日の調査を終えて帰路についた。

部屋に戻った私は、現実に引き戻された。今夜からはしばらく、池の泥水のシャワーを浴びなければならないのだ。丸橋先生はさっさとシャワーを済ませ、さっぱりした、というような顔でピーナッツをポリポリと食べながら、夕涼みをしている。「シャワーは寝る前に浴びます」と言う私に、「夜浴びると水が冷たいから風邪引くよ。今のうちに浴びておきなさい」と先生。そういうことならしかたないか、とシャワーを浴びることにしたのだが、蛇口をひねると、すぐに硫黄臭が浴室内に充満した。覚悟を決めてこの水を頭からかぶるまで、しばらく時間を要したのは言うまでもない。

シャワーを終えた私は、汚い水のことはさっさと忘れるように自分に言い聞かせながら、写真の確認に取り掛かった。自分で撮ったベニガオザルの写真が、この日だけで八一九枚もあった。この中から、個体識別用の写真を選びつつ、ベストショットを探す。

その日の夜、丸橋先生に〝本日のベストショット〟を何枚か見せてみなさいと声をかけられた。私はここぞとばかりに、その日撮った写真の中からいい出来だと思ったものを何枚かお見せした。先生は画面上で写真を拡大しながらシゲシゲと眺めてこう言った。

「ダメじゃん、手ブレしてるよこれ。こっちもピントが甘いじゃん。」

私は愕然とした。私の渾身の力作はあっけなく撃沈された。この時まで、写真を等倍で確認するなどということをしたこともなかったたし、たかだかA４でプリントするくらいなら気にするレベルでもなかろうと思っていたのだが、確かに言われたとおり、等倍で見ると微妙にブレていた。そういう目で過去の自分のお気に入り写真を改めて見直すと、どれもこれもボツ写真に見えてきた。写真が好きだったはずなのに、どうやら私は、オート任せでそれらしい写真を撮って満足していただけだったようだ。

絶望する私に、先生はこう続けた。

「写真は大事なんだから、撮り方を教えてあげるよ」

その日から私は、カメラの機構、撮影原理、写真の撮り方をイチから勉強し直した。先生の写真を見ては構図を学び、Exifファイルの撮影設定をこっそり見てはシャッター速度や絞り値、ISO感度の設定のコツを掴んだ。毎日調査に出ては、数百枚、数千枚と写真を撮りまくった。それらを毎日見返して、失敗から〝何がまずかったのか〟を洗い出した。最初に矯正を始めたのは、シャッター速度の設定だった。自分の撮影の癖と、サルたちの動きの傾向から、手ブレ・被写体ブレを抑えるためにはどれくらいの速度でシャッターを切らねばならないのか、最低ラインの当たりをつけ始めた。その後、絞り値やISO感度の設定と学習をすすめ、予備調査を終える頃には、私の写真は見違えるほどまともな記録写真になっていた。この技術が、のちの私の調査データの質を担保する核心的要素になるなど、その時は想像すらしていなかった。

予備調査の収穫

合計で一七日間の予備調査の期間中、サルに出会えたのは一五日間だった。総追跡時間数は六二・四時間で、一日平均で四時間超は追跡できた計算になる。写真の総撮影枚数は一万三七八四枚だった。

実際に初めてベニガオザルを見て、学んだことは多かった。まず、ニホンザルとはまったく違うということだ。例えば、ベニガオザルは普段から非常にまとまりが良いという印象を持った。言い換えれば、個体間の距離がニホンザルに比べて近く、凝集性が高い。また、ベニガオザルはケンカになるとみんながワラワラと集まってきて、それぞれが攻撃と反撃の応酬を繰り広げる。ニホンザルのケンカはだいたい一方的で、反撃がほとんど見られないので、対照的である。地域住民が持ってきた野菜や果物が撒かれた時も、野猿公苑での餌撒きとはまったく違う雰囲気だった。ニホンザルであればケンカが頻発し、強い個体がエサを独占して接近する他個体を追い払うことが多いが、ベニガオザルは争うより先に、食べ物を一つでも多く手に入れようとみんなでこぞって手を伸ばす。これが〝社会の違い〟というものか、と驚いた（社会については3章第2節で後述）。

そして、不思議なことに、ベニガオザルの行動を見ていると、それぞれの個体が何を考えてそういう行動をとったのかが〝直感的に〟わかるような気がした。動物行動学的な「原因―結果」論的な行動の解釈ではなく、個体の感情がなんとなく想像できてしまうのである。まるで幼稚園児の集団を見ているような気分になる。もちろんそれに科学的な根拠はないのだが、どこか愛おしく見えてしかたなかった。

この予備調査の目的は、主に二つあった。一つ目は、現地の視察と状況の把握、個体情報等の収集。二つ目は自分の博士研究のテーマの模索だ。

現地の状況は、バンコクからの移動手段、調査地の環境、基地でできることなど、丸橋先生から色々と教えてもらうことができた。タイの調査地以外についても、データ整理の合間に先生の過去の屋久島やアフリカでの調査の体験談を聞きながら、様々な調査手法や、地元の人との関係構築のノウハウなど、多くの知恵を学んだ。一方で、個体情報については簡単には教えてもらえなかった。「このサルは誰ですか?」と聞いても、「まずは観察しなさい」というお返事が返ってくるばかりであった。「初めての出会いなのだから、五感を研ぎ澄ましてサルの姿をよく観察しなさい。感動するのが先、名前をつけるのはその後」というのが、先生の持論だった。

もっとも、個体識別というのはサル学者の基本スキルで、誰かに教えてもらおうと思うこと自体が間違いなのだ。私は必死に個体の特徴を探した。当時の記録を見ると、「右鼻上白斑」や「目周赤目上薄傷左目下白斑」、「乳首変♀」など、呪文のような奇妙な名前をサルたちにつけていたらしい。こうして自分なりの識別を進めつつ、会話の中で、先生がその個体につけている名前を照合するチャンスをうかがう。先生からの「今日の午後にお寺にTing群来てたでしょ」という発言を受けてはじめて、「あ、あの群れ、Ting群って名前なんだ……」と覚える。「先生、あの、片目がない大きなオスですが……」と話し始めると、「あぁ、タイね」という相槌が入る。そこで初めてそのオスの名前はタイだと知る。他にもマスという名前のオスがいることがわかると、丸橋先生はどうやらオスには魚の名前をつけているな、ということが想像できるようになる。予備調査では、こうして先生の言葉の端々を分析して、大雑把に群れの名前と、目印になる中心オスや目立つ特徴のある個体など数個体を覚えたのであった。当時は個体名くらい教えてほしいなぁと思ったものだが、振り返って考えると、「スキルは誰かから手取り足取り学ぶものではなく、見て、聞いて、盗むものである」

交互に交尾するオスたち

左側のオスが交尾をしている最中で、右側のオスが“自分の番”を待っているところ。

を実践する訓練をしていただいていたのだと思う。

　博士研究のテーマを見つけるという目的も無事に達成することができた。この一五日間に、交尾行動を三八例観察できた。交尾を観察することができた日は六日だったので、二〜三日観察していると一日は交尾が見られる、という頻度だ。その中での大きな成果は、複数のオスが同じメスと交互に交代しながら交尾をするという現象の観察だった。ニホンザルの場合、オスは発情中のメスにくっついて歩き、交尾を繰り返しおこなうのだが、他のオスが接近しようものならケンカとなる。しかしベニガオザルの場合、先程まで交尾していたオスが隣にいるにもかかわらず、別のオスが堂々と交尾を開始してもまったくケンカにならないのである。しかも、どうやら交尾をしても許されるオスと、そうでないオスがいるらしいこともわかった。

私はこの行動を博士研究のテーマにしようと決めた。どうやら仲のいいオス同士が一緒に交尾をするという行動があるらしい。彼らは、ある種の連合形成のような、特別なオス間関係を構築している。しかしながら、交尾をしたメスが生む子どもの数は一頭だ。つまり、父親になれるのは一頭しかいない。遺伝解析によって子どもの父親を判定し、どちらのオスが父親になっているのかを明らかにした上で、その要因、例えば、父親になった方のオスは交尾回数そのものが多かったのか、あるいは、交尾をする順番に違いがあったのか、他になにか変わった行動をとっていたのか、などを調べれば、博士研究になるのではないかと考えたのである。

しかし、今回の調査で一つだけ、とても残念なことがあった。それは、もともとベニガオザルに興味を持ったきっかけだった、あの「奇妙な」性行動が、まったく見られなかったということだ。確かに挨拶行動や個体間の社会交渉を見ていると、性的な要素を含む行動がいろいろと観察されたのは事実だ。しかし、どの行動も、期待していたほど「奇妙な」行動ではない。もっと驚くべき変わった行動がたくさん見られるはずと期待していたのだが、そんな行動は一例たりとも見なかったのである。観察時間が足りないのか、あるいは先行研究で記載されていたのは飼育下特有の行動だったのか、なんとも言い難いところであるが、博士研究のテーマに据えるわけにはいかないことだけは明らかであった。ちょっと拍子抜けである。

こうして博士研究の構想案を見つけることができた私は、いよいよ本格的な調査開始に向けて、準備をすすめていった。

3 ベニガオザル研究への通行手形

調査許可と研究者用査証の取得

三週間で予備データを取って帰国した私は、無事に修士号の学位記を受け取り、博士後期課程に進学した。ベニガオザルの調査を開始すべく、早くタイに戻りたくてしかたなかった。しかし、物事はそう簡単には進まない。何事にも、手順というものがある。予備調査の時点での私の身分は、単なる〝観光客〟だった。滞在期間も三週間なので、特別な査証なくタイに入国できたのだが、代わりに、この時に取ったデータは論文を書く際には使用できない。私が博士研究としてタイで本格的な長期調査を開始するには、まずは調査許可を取得し、研究者用の査証を取得しなくてはならなかった。

タイ王国で学術調査を実施するには、所定の手続きが必要になる。まず、外国人研究者は、タイ国内の研究機関に所属する研究者に、カウンターパートとしてプロジェクトに参画してもらう許可を得る必要がある。これは、調査許可申請の要件にもなっている。タイ人カウンターパートが見つかると、次は調査許可申請書類を作成し、二つの機関から許可証をもらわなければならない。一つ目は、The National Research Council of Thailand、通称NRCTと呼ばれる、外国人研究者を統括する機関である。外国人研究者にタイ国内での身分を認め、研究者用の査証（RS-VISA）の発給などの法的な手続きを補助してくれる。二つ目は、The Department of National Park, Wildlife and Plant Conservation of Thailand、通称DNPTと呼ばれる、国立公園や野生動植物の管理をおこなう役所である。私の場合、研究対象が野生動物であり、かつ調査地のカオクラプック・カオタオモー保護区が国立公園扱いのため、ここからの調査許可がないと調査が実施できない。

この書類の作成がまた骨の折れる大仕事である。まず、所定のWordフォーマットがあるのだが、文字を記入していくとどんどん体裁が崩れていく。何種類も同じようなフォーマットの書類が必要で、それらは英語で作成の上、タイ語翻訳版も添付する必要がある。かつ、プロジェクトに参画する研究者の人数分を用意せねばならない。最初の調査許可取得の際には、私と丸橋先生のほかに、同じくタイで霊長類の研究を行っていた霊長類研究所進化形態分野の教授だった濱田穣先生と、濱田先生の指導学生だった先輩、そしてカウンターパートであるスチンダ先生の五人のメンバーでプロジェクトを構成することとなった。メンバーひとりにつき、担う立場によって二〜三種類の書類を書かねばならず、すべての書類はコピーを三部ずつ作成したうえ直筆署名をせねばならない。全員分が揃い次第国際郵便でＮＲＣＴへ送るのだが、審査の過程で修正指示が入るたびに訂正版を印刷し直し、全員のサインをもらい直し、再び国際郵便で送付するので、とにかく時間がかかる。修正の指示が二度ほどあっただろうか。なんとも手間のかかる作業である。

調査許可が下りるのもまた随分と時間がかかる。予備調査を終えてすぐに研究計画を立案し、英語で書いた計画書を知人に頼んでタイ語に翻訳してもらい、四月になってすぐに申請書を提出した。ところが、一か月経ち、二か月経ち、三か月待っても許可が下りる気配も連絡もなく、完全に待ちぼうけであった。研究が一向に始められないまま、博士課程の在籍時間だけが過ぎていき、本当に調査許可が下りるのだろうかと心配にすらなった。あまりに許可が下りないので、八月にはアフリカのウガンダ共和国カリンズ森林での二週間の実習に参加したほどだった。カリンズ森林では、野生のアビシニアコロブスというサルが観察できるからだ。私は高校三年生の時に上野動物園でアビシニアコロブスを見てから、この黒と白の美しいサルが好きだった。そのアビシニアコロブスの野生の姿を見に行き、写真に収めるのが目的だった。

ついに調査許可が下りたと連絡があったのは、そのウガンダでの実習から帰国した直後の九月一日だった。待ちに待った連絡であった。私が初めてタイで取得した調査許可だ。記念すべき調査許可第一弾のプロジェクト名は、「カオクラプック・カオタオモー保護区に生息するベニガオザル集団の生態および保全に関する研究」であった。

ここからが忙しかった。調査許可を取得しただけではタイには入国できない。次は研究者用査証

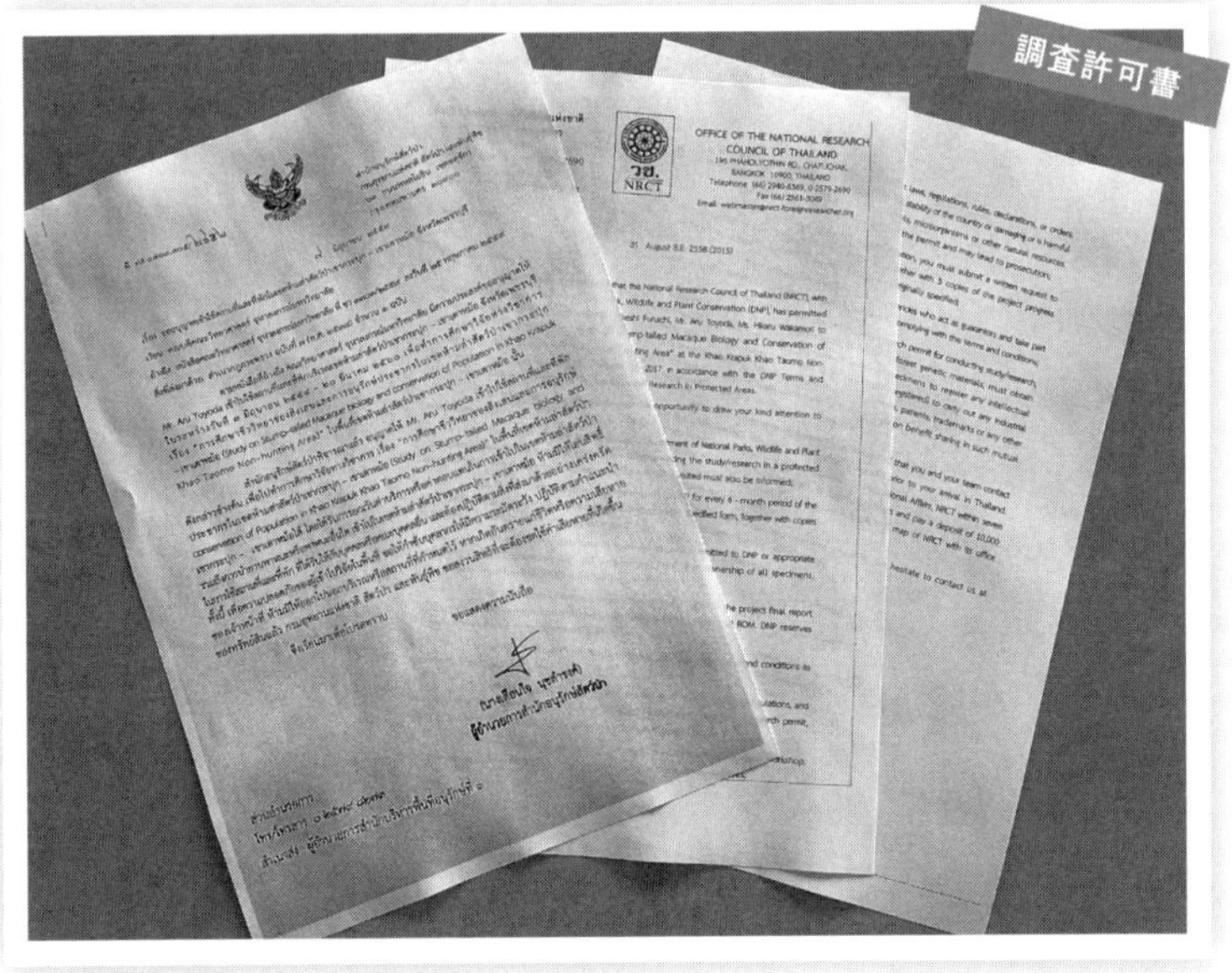

の取得が必要だ。研究者用査証はＲＳタイプと言われるものだが、実はこのＲＳタイプというのは知る人ぞ知る幻の査証で、査証申請に必要な書類セットは大使館のウェブサイトには掲載されていない。何を用意していけばいいのか、さっぱりわからないのである。タイで調査許可取得経験のある先輩に聞きながら、手探りで情報を集めた。まず、ＮＲＣＴへ連絡し、東京のタイ王国大使館宛で研究者用査証の発給依頼状を郵送してもらう。また、カウンターパートにも大学のレターヘッド付き紹介状をもらう。いずれも原本のみしか受け付けてもらえない。さらに指定の申請書類各種と調査許可証、研究計画など一式を用意し、在東京タイ王国大使館へ出向く。査証のタイプにはシングルとマルチプルの二種類がある。シングルは、一回の入出国で効力を失

ってしまう。私は、研究の進捗報告のために年に数回の一時帰国を予定していたため、その都度査証申請のために東京に来るのは手間がかかる。よって、一年間の有効期間中なら何度でも入出国可能なマルチプルを取得したかった。マルチプルで査証を発給してもらうためには、申請時に少なくとも二回分の往復航空券を予約・購入しておかねばならない。そこまで用意しても、窓口で「マルチプルでの発給が許可されるかどうかは翌日までわからないが、料金は前払いでマルチプル分二万二〇〇〇円を支払うように」と言われたときは、さすがに頭を抱えた。そんな詐欺みたいな話が許されるのか？　マルチプルが認められずシングルでビザが発給された場合、差額分は返金されないのだろうか？　追加書類の提出を求められたらどうしよう？　そもそもちゃんと査証は発行されるのか？　査証が発給されなければこの東京出張旅費はドブに捨てることになるのか……。不安が尽きず、大使館からホテルまでの帰路ですでに胃が痛くなったのは、今となってはいい思い出である。翌日、恐る恐る大使館に向かい、査証受領を待つ人達の列に並んだ。手渡されたパスポートを開いて確認し、無事にマルチプルでRS査証が発給されていたときは心底ホッとした。これでついに、タイ王国に正式な研究者の身分で入国できるようになったのである。

研究費獲得への道のり

調査許可取得とあわせて、もう一つ解決すべき壁があった。それは、研究資金の獲得である。私の霊長類研究所での指導教員はアフリカで類人猿の研究をしている先生だったので、アジアのマカク属サル研究に使える研究費はお持ちではなく、資金援助は無理だと言われていた。タイ王国での調査に必要な研究資金は、すべて自力で確保せねばならなかった。

タイは日本に比べて物価は安い。調査地は都市部ではなく地方の田舎なので、生活にかかるコストは圧倒的に低い。それでも、航空券代、海外旅行保険代、調査道具や消耗品類の調達、調査地での滞在費、計画していた父子判定のためのフラグメント解析などの準備や実際の解析費用など、海外での長期調査は多額の費用を要する。これらすべては私費だけではとても工面できない。なんとかして早々に外部資金を獲得せねばならなかった。

研究資金を獲得するためには、説得力のある申請書類を書かなくてはならない。説得力を増すためには、自分の研究の意義を明確化し、どういう計画でなにをどのように明らかにするのかを具体的に提示することが求められる。しかし、ベニガオザルというマイナーなサルの調査計画を書いたところで、全体がぼんやりしていて具体性に欠け、計画の実行性にも乏しく、なにより書いている本人ですら実感がわかない。研究費が取れるようになるまで調査開始を待っていては、いつまで経っても何も始まらない。とにかく私費でも調査を開始して、具体的な計画を立てるに足る予備データを取る必要があった。

九月になって調査許可が下りた段階で、研究費と呼べるものは京都大学野生動物研究センターの助成金しかなかった。博士課程の一年目から資金獲得に奔走していた私を見て、霊長類研究所の四名の先生が私のタイ調査を応援してくださり、調査許可が下りるまでの待ちぼうけの間にいろいろなアルバイト業務を与えてくださった。また、幸いなことに、念のためにと修士課程のときに借りていた奨学金が全額返還免除となったため、多少の蓄えもあった。私は腹をくくり、この貯金を握りしめて渡タイし、私費調査を開始することにしたのだった。

予備観察と見切り発車的に始めた私費調査で得たデータを元に具体的な立案ができるようになった私は、次第に研究費が取れるようになってきた。「お手製の私費調査」が、博士二年目を迎える頃には「ちゃんとした資金基盤のある研究」として本格的に軌道に乗って進み始めたのである。最初に獲得した研究費は、ナショナル・ジオグラフィック協会が若手向けに出している国際競争資金だった。野外調査に必要な経費として五〇〇〇米ドルもらえた。時を同じくして、予備調査を基に研究計画を練って書いた日本学術振興会の特別研究員DC2への採択通知が届き、京都大学教育研究振興財団の在外研究長期助成も決まった。一気に研究の幅が広がり、将来が明るくなった瞬間だった。

こうして多くの人からの援助と運に支えられて、ベニガオザル研究が前に進んでいったのである。

2章

暗中模索のベニガオザル研究

1 ベニガオザル研究、始動

予備調査から約半年ぶりの二〇一五年九月末。ようやく調査許可を取得し、長期滞在が可能となる研究者用の査証を獲得した私は、再びカオクラプック・カオタオモー保護区に戻ってきた。博士研究として、本調査の開始である。この時はまだ研究資金が手元になく、なけなしの貯金を握りしめての私費調査ゆえに、調査地では貧乏生活を強いられることが確定していたが、そんなことは大した問題ではなかった。夢にまで見たベニガオザル研究が始まったのである! その興奮の方が、遥かに大きかった。

水と住居——生活基盤の確保

このカオクラプック・カオタオモー保護区は、長期調査地としてはまったく使われていない場所だった。宿泊客が泊まるための部屋の一室が私の滞在拠点ということになるのだが、部屋には客の宿泊用ベッドが五台ある以外はほぼ何もない。そんな場所で二年の長期滞在ともなれば、短期調査と違っていろいろと物入りである。とはいえ、欲しいものをすべて揃えられるわけではない。限られた少ない予算の中で、必要なものに優先順位をつけて、なんとかやりくりするしかない。

まずはなんと言っても水である。熱帯の国で一日中歩きまわり、汗だくになって帰ってきても、シャワーから出てくる水が溜め池から汲み上げた無濾過の泥水では困る。ひねった蛇口から小魚が出てきたこともあったような設備だ。汗を流そうにも、さっぱりしないどころかさらに汚れる気さえする。こんな水で二年間も生活していては、衛生的にも、そして精神的にも問題になるに違いない。この水問題は、真っ先になんとかしなければならない最優先課題だった。

とはいえ、自力で上水道を整備するお金もなければ、そんな権限もない。飲用水は当然買ってくるわけだが、その飲用水でシャワーを浴びるなどという贅沢はできない。この泥水をなんとかする方法を考えなければならなかった。

最初は職員さんの知恵を借りて焼きミョウバンを試した。タイの市場では、焼きミョウバンの大きな結晶が売られている。これを泥水に溶かせば、泥が沈殿してきれいな上澄みが回収できるというのである。実際にやってみると、確かに泥は沈殿する。しかしこれでシャワーを浴びると肌がキシキシする上に、目が痛くなって充血した。見た目にはきれいでも、悪臭は健在なので、まだまだ対策を講じなくてはならない。

しかたがないので、タイのホームセンターに連れて行ってもらい、濾過器を三つ、四五〇〇バーツ(当時で約一万五〇〇〇円くらい)で購入することにした。痛い出費だったが、きれいな水が手に入るなら、と藁にもすがる思いだった。中に筒状のペーパーフィルターが入っているから泥は濾過できるし、フィルター内部には炭も入っているので臭いも取れるはずだと思った。調査地に戻って濾

調査地の浄水施設

過器を設置して水を通すと、確かに水の色は少し濁りが取れ、砂粒などは目立たなくなった。しかしフィルターがみるみるうちに茶色く変色し、三日ともたず泥だらけで目詰まりして水が出なくなってしまった。頻繁にフィルターを洗わねばならず手間がかかるばかりなので、さらなる対策が必要だ。意地になった私は、さらに身銭を切り、三種類の粗さのフィルターを用意した。これで、一機目からいきなり目詰まりするという事態は回避できた。さらに五〇〇〇バーツ（約一万七〇〇〇円）の浄水器を購入した。これは都市部で水道水を飲用に浄水するものである。この浄水器を三機の濾過器の先に連結した。結果、出てくる水は十分利用に耐えうるまでにきれいになった。色は透明で、ニオイもほとんど気にならない。かくしてついに自作の浄水設備が調査地に完成したのである。もちろん、もともと大した水圧もないところにたくさんのフィルターを増設しているため、蛇口から出てくる水量はごく僅かだ。それでも二四時間体制で濾過し、タンクに貯水すれば、シャワー用の水は充分に確保できた。

次は住環境の整備である。部屋にはベッドが五台あるだけである。私ひとりで暮らすわけなので、ベッドは一台で十分であり、四台は使わない。そこでまず、このベッドを組み合わせて棚を作り、物を整理して収納するスペースを確保した。収納家具を買わずに済んだのは、このベッドのおかげである。

調査部屋の様子

仕事や現地での生活に必要で、どうしても購入するしかない家具はある。それなら最初にまとめて買って長く使ったほうが良い。机や椅子、PCモニターなど、デスクワークに必要なものはすべて買いそろえた。中でも苦労したのは冷蔵庫である。調査地の部屋にある冷蔵庫は小さく、しかも古いのでまともに冷えない。長期で滞在するのであれば、冷やすべきものも多くなるし、冷凍機能も必要となる。そこで、ホームセンターに行って二ドアの冷凍冷蔵庫を購入することにした。本当は糞サンプルを冷凍保管できるように、冷凍室が二つあるタイプの大型のものが欲しかったのだが、あまりにも高価だったため買えなかった（あとになって考えると、室が分かれているとはいえ、食品と糞サンプルを同じ冷蔵庫で保管しようという発想そのものが大きな間違いなのだが……）。冷蔵庫を買ったは良いものの、当然ながら大きいので普通の車では運搬できない。お店に配達を依頼したのだが、街の中心部にあるホームセンターから調査地までは遠いため、断られてしまった。しかたがないので、ピックアップトラックで出勤している店員と直接交渉し、お金を払って個人的に運んでもらうことにした。調査地まで先導する間、雑に荷台に載せられた私の冷蔵庫がトラックから落ちないか、転倒しないか、ハラハラした。おまけに調査地まであと二〇分ほど、というところでタイミング悪く土砂降りに遭ってしまった。ズブ濡れになり梱包ダンボールが崩壊している様を見た時はさすがに故障を覚悟した。冷蔵庫は搬入後すぐに電源を入れてはいけないとされているし、その上ズブ濡れになっている。しかし、店員は当然ながら動作確認を待たずお金だけ受け取ったらさっさと帰ってしまった。もしこれで壊れていたら保証されるのか？　泣き寝入りなのか？　ヤキモキしながら二時間後に電源を入れ、無事に稼働した時は本当に安堵した。

基本的には節約生活が基本の私費調査なので、エアコンや快適なマットレスなど「贅沢品」の部類に入る家具は諦めた。なにせ手持ちの現金がすべてである。可能な限り節約をしておかないと、不測の事態に対処できなくなる。生活に支障をきたさないかぎり、多少の不便は我慢するしかない。

〝きれいな〟水が使えるようになり、一通りの仕事環境が整えば、この調査基地生活は快適この上ない。私の身の回りの世話は、保護区の職員さんが面倒を見てくれることになっていた。二組いる職員夫婦のうち、私の世話を担当してくれたのは年配夫婦の方だった。名前はパニーさんとロンワンさんという。この二人は、朝七時頃に保護区に出勤し、午後五時には帰宅する（もうひと組の夫婦は、私の部屋の隣の隣の隣の部屋に住み込みで働いている）。食事はすべてパニーさんが準備してくれるので、私自身は自炊をする必要はない。そもそも外食が中心のタイではキッチンがある部屋のほうが珍しく、私の部屋にも調理スペースはない。基本的には用意してもらったものを食べるしかないので、食に関する執着は見事になくなる。とはいえ、私が食べ物に飽きないように、パニーさんは毎日工夫していろいろな料理を用意してくれた。朝と昼は通勤途中に朝市で買ってきてくれるのでバリエーションはあまりないのだが、夜はパニーさんが手作りで汁物や茶碗蒸しのようなおかずを用意してくれていた。パニーさんたちが常駐している保護区の事務所（私の部屋から徒歩一分くらいの別の建物）には炊事場があるようで、パニーさんはそこでよく夕ご飯を作ってくれていたのだ。どうしても食べたいものがあれば、パニーさんにリクエストするか、ロンウワンさんに頼んでバイクに乗せてもらい、最寄り（と言ってもバイクで一五分ほど）の町まで連れて行ってもらう。そこの市場でおかずを買ったり、セブンイレブンでお菓子やジュースを買ったりすることもできる。洗濯もパニーさんにおまかせなので、家事の煩わしさもない。

　パニーさんとロンウワンさんの二人は、保護区の職員の仕事として、私の身の回りの世話をしてくれていた。しかし、二人には私よりも二歳年下の息子がいるそうで、私の

この日のメニューはパニーさん手作りのパッガパオムー（豚肉のバジル炒め）とカイトゥン（タイの茶碗蒸し）。

左からパニーさん、ロンウワンさん、私。2017年撮影。

ことも息子同然に受け入れてくれ、仕事の範囲を超えて大変良く面倒を見てくれた。食料品費や洗濯用の洗剤、その他私の世話に必要となる経費は、月初めにパニーさんにまとめてお金を渡し、そこから適宜支出してもらうルールにしていた。パニーさんは決してインチキをせずに、使ったものを使った分だけノートに細かく記録してお金を管理していた。「いつもお世話になっているから」という私からの少しばかりの心付けも、一切受け取ろうとはしなかった。ロンウワンさんも大変親切な方で、町に買い物に出るとあちこちで私のことを紹介して歩いてくれ、市場の人や地元の住民に顔見知りをたくさん作ってくれた。おかげで、タイの田舎にやってきた私のような外国人が、危険な目に遭うこともなく長期滞在を成し遂げられたのである。この二人には感謝しかない。

　パニーさんとロンウワンさんという頼もしいサポート役がいたおかげで、私の調査地での生活は快適であった。二週間もすれば熱帯の気候にも慣れ、一か月もすれば炎天下で熱くなった石製のベンチに寝っ転がり、日向ぼっこをしながら汗を流して「岩盤浴だ」と楽しめるようになった。ご飯にアリが群がっていたら取り除くだけだし、飲み物に虫が落ちてくるならティッシュで蓋をすればいい。買ってきたばかりの机の合板にキクイムシがやってきてボロボロにされ、作業中に崩壊しても、「あれまー」の一言だけ発して、あとは諦める。スコールが来て部屋で雨漏りが起きればバケツを置いて、「濾過水よりきれいな雨水が手に入った！」と喜ぶ。停電になればパソコンを閉じて仮眠を取る。「外国だからしかたない」というマインドが「〇〇はこうあるべき」という敷居を取っ払ってくれるおかげで、私はタイの田舎の過酷な環境に適応できたのである。日本で同じことをやれと言われると厳しいが、外国での調査生活だと思うと、こうした不便な貧乏生活も案外楽しめたりするものである。

調査地のサルたちの歴史

このカオタオモー保護区には現在、五つの群れが生息している。それぞれ名前をTing群、Nadam群、Third群、Fourth群、Wngklm群という。二〇一七年時点での頭数は、Ting群が一番大きな群れで一二〇頭、Nadam群は七五頭、Third群は七九頭、Fourth群は七四頭、Wngklm群は四三頭、合計で三九一頭である。

Ting群、Nadam群という群れの名前はタイ語由来なので、おそらく昔にタイ人が付けたものだろう。Tingというのは、「垂れ下がる」という意味らしく、頭から毛の塊が垂れ下がっている特徴的なメスがいることからこの名前がついたという。Nadamというのは、「黒い顔」という意味で、この群れに顔も毛色も黒い個体がたくさんいることに由来するそうだ。具体的にいつ頃、この名前がつけられたかは定かではない。Third群とFourth群は、丸橋先生が調査を開始した初期に識別した群れに順番に名前をつけたらしい。Wngklm群はタイ語で「丸い」という意味で、私が丸橋先生の名前から一文字拝借して命名した群れである（162ページ参照）。

最初にこの地域でベニガオザルの集団が発見されたのは一九八八年であるとされており、当時の論文では個体数は二二頭と記載されている。[1] おそらく一群しかいなかったのだろう（その後の頭数記録と個体数増加率を考えると、この時に他群の存在を見逃している可能性は十分にありえるが）。この集団確認後、この地域は保護区に指定され、ベニガオザルの狩猟を禁止すると同時に、餌付けが可能な観光地として整備された。その後、丸橋先生の二〇一二年のカウントで二九六頭、二〇一四年には三六一頭と、頭数が増加している。

岩山を登るサル

カオタオモー保護区は、大きくそびえ立つ切り立った石灰岩質の岩山を中心に、せいぜい二〜三キロメートル四方のエリアを狩猟禁止区域として、国の役所が維持・管理している場所である。この岩山の山頂は非常に険しく、標高差は一四〇メートルほどある。東面は切り立った断崖絶壁になっていて、人間が登るのは難しい。サルたちがこのコースを行くと、ある程度まではついて行けるが、最後までは追跡できない。その場合は、サルたちの行く先を予測して、北から回り込むか、西から回り込むしかない。

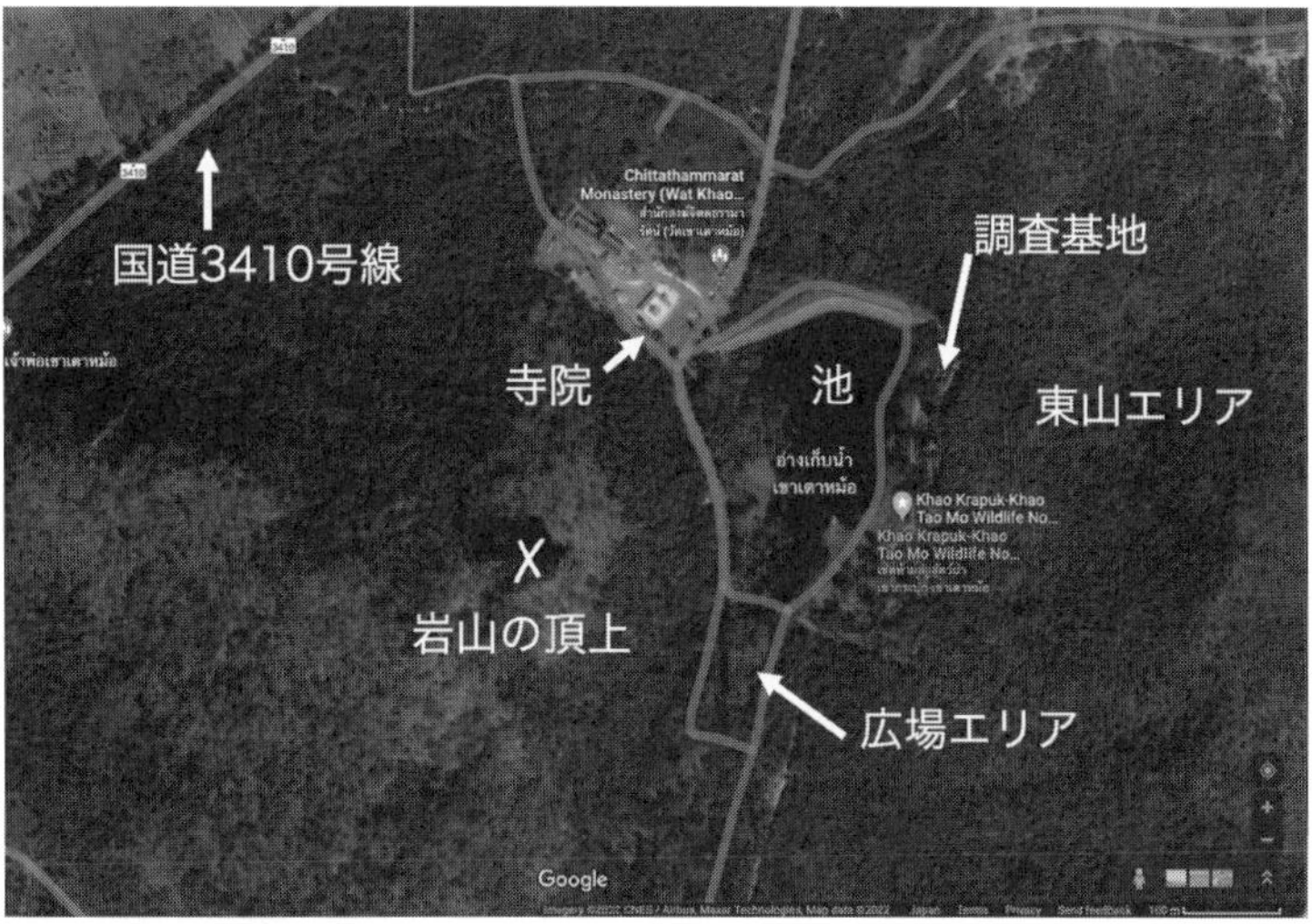

図2　調査地の全景

この岩山の北東側の麓にはお寺があり、サルたちはそこで僧侶や寺の参拝客から食べ物をもらうことがある。東側には大きな溜池と職員や私が住んでいる部屋がある建物、公園の管理事務所などがある。調査基地の裏側の東にある山は非常になだらかな竹林で、サルたちがよく利用している。岩山の南側には観光客がサルを見るための広場がある。広場手前にはかつてビジターセンターだった小さな小屋と料金所ゲートがある。かつては広場でしかサルを見ることができなかったため、保護区が観光客から入場料を取っていたらしい。現在は岩山の周囲ならどこでもベニガオザルを見られるようになったため、料金所は閉鎖され、ゲートは開いたままになっていて、この広場は地元民の餌やりスポットになっている。岩山の北西には二車線の国道３４１０号線が通っており、その北側にはかつてさとうきび畑や竹林などが広がっていた（二〇二二年現在大規模な太陽光発電所になっている）。

サルたちは基本的には、この岩山の周辺で暮らしている。切り立った石灰岩の岩肌のあちらこちらにある自然の洞窟や、落石が積み重なってできた岩陰などを転々としながら、その道中で葉や木の実を食べたりしている。まれに、国道を横断してどんどん北上し、さとうきび畑やパイナップル畑の方まで移動したり、東の山の反対側まで移動していったりすることがある。サルたちが耕作地に出没しても、住民から追い払われるところは見たことがないが、住宅にまで接近すると怒られるようで、時折爆竹でサルを追い払っているらしい音が聞こえてくることがある。

山の麓一帯は雑木林で、ベンガルガキやイチジクなどの果樹、マメ科植物の木、ツル性草本類などが多い。溜池の畔の一区画には、人が植えたと思われるマンゴーやジャックフルーツ、チョンプー（ローズアップル）などの果物の木があり、結実し始める時期（調査地では四月頃）にはサルたちの主要な採食場になるため、遊動域の中心になる。調査基地裏の東の山は竹林が主であり、竹が実をつける時期（調査地では二〜三月がピーク）にはサルたちは毎日ここへやってきては一日のほとんどを竹の花や実の採食に費やしたりする。

私の部屋がある建物はサルたちの遊動域内にあるため、早朝から出かけていってサルたちを探す必要はない。ただし、サルたちがどこにいるかはわからないため、運が悪いと数時間、山の麓を行ったり来たりする羽目になる。まったく見つからない、という日もしばしばある。サルたちは山の麓を中心に一日過ごすこともあれば、北や南にどんどん進んでいく日もあり、行動パターンはほぼ読めない。とにかくサルを見つけたら追跡不可能になるまでついて行くため、あらゆる場合を想定した装備が必要になる。

調査時の装備品

調査時に何を持っていくかは、研究者によって違う。調査内容によっても、また、アシスタントがいるかいないかによっても変わってくる。私の場合はひとりなので、必要なものは全部自分で持って歩く。

一眼レフを首からぶら下げ、ビデオカメラを腰に装着し、野帳やスマホなどの小物はベストのポケットに収納する。バックパックにはGPSをぶら下げ、中には水と非常時のお菓子の他、雨具や三脚、予備バッテリーなどを収納する。虫除けスプレーとポイズンリムーバー（毒虫などに刺された際に毒を吸引する道具）も大事だ。私の調査地ではダニはあまりいないし毒蛇にもあまり遭遇しないが、木の幹に巣を作るタイのアシナガバチの仲間にはしょっちゅう刺されるし、キョクトウサソリ科の仲間と思われるちょっと危なそうなサソリもいるので、リムーバーがないと心配である。サルの頭数集計用のカウンターや、コンパス、非常用の笛、巻き尺なども持つ。その他、枝切り鋏をホルダーに収めて腰のベルトに通している。森の中で藪を移動する際に道を切り開いたり、棘のあるツル植物に絡まれて身動きが取れなくなったりした時に使う。ポケットには作業用グローブも入っている。これは崖を登る際などに素手では怪我をしてしまうためだ。ズボンの裾は靴下の中に入れ、

調査道具

調査時に持ち歩く主な調査機材。一眼レフやビデオカメラの他、GPSや予備バッテリー類などを持って歩く。この他、野帳やDNA採取キットをズボンのポケットに収納している。

調査中の様子

岩山の上に座っているサルを眺めている様子。NHKのロケ時の一コマ。（撮影：河合よーたりさん）

さらにゲイター（靴の上からズボンにかけて装着するカバー）を履くことで、小石や虫などの靴への侵入を防ぐ。

調査中はとにかく多量の汗をかくのでタオルは必須で、水も二リットルはあっという間に飲んでしまう。二リットルのペットボトル半分くらいの水を凍らせ、出発前に水を足して、タオルにくるんでもっていく。気温は三五度以上が当たり前なので、この氷入りペットボトルは熱中症の予兆が現れたら体を冷やすのに使うのだが、なにより調査中にずっと冷たい水が飲めるのはなかなかに幸せである。

調査道具の中で、一眼レフは最も重要である。私はメイン機にNikon D500、サブ機にD7100を使っていた。レンズは、AF NIKKOR 80–200mm F2.8EDと、AF-S NIKKOR 80–400mm f/4.5–5.6G ED VRを使う。AF NIKKOR 80–200mm F2.8EDは古い製品のためフォーカシングは遅く、とにかく重たいのだが、直進式ズーム機構の使い勝手が本当にいいので、好んで調査に使っている。構えている時にレンズをしっかりホールドしたままカメラ本体の向きを変えても倍率が変わらないし、感覚的にズーム操作ができるので重宝する。AF-S NIKKOR 80–400mm f/4.5–5.6G ED VRは、400mm望遠を要する調査の時や、良い写真を撮ろうという日以外はあまり使わない。なにせ高価なレンズなので、普段の調査で使うのには勇気が必要である。調査中レンズは砂埃をかぶるし、崖に登る時は岩にガンガンぶつけるし、雨に降られれば濡れてしまう。過酷な使い方をする場合は、80–200mm F2.8EDである。

サルたちが寝ている場面の写真を撮れるようになるには彼らの警戒心を解かねばならないため、このような写真が撮れるようになるまでには時間がかかる。

撮影者が理想とする構図に被写体が収まった時ではなく、科学的に重要ななにかが起きた時だ。つまり記録写真は、「自分が思い描く自然の姿を切り取る」という能動的行為の結果ではなく、「自分が垣間見た自然のある一側面を切り取った」という受動的行為の結果として残るものだ。ここで大事なことは、「自分がその一枚で何を伝えたいか」ではない。「その一枚から何が学べるか」である。記録写真が見る者に伝えるメッセージは常に「自然からの問いかけ」なのだ。

研究者が撮る記録写真は、時にはその鑑賞に際し、見る者に対して「なぜこの瞬間がシャッターチャンスだったのか」を科学的に長々と説明せねばならないこともあるだろう。それはすなわち「自然からの問いかけ」をわかりやすく翻訳する作業だと言い換えてもいい。その「自然からの問いかけ」を、ベニガオザルたちの暮らしぶりという窓を通して考える場を提供できればいいなと思っている。

Column 1

「自称写真家」としての夢

私が森の中でサルたちと時間をともに過ごす中で出会うすべての瞬間とは一期一会だ。私にも彼らにも、明日があるとは限らない。毎日当たり前のように繰り返されるものだと思っていた生活が、ある日、ある瞬間に激変することがあり得るのが自然の厳しさだ。そんな自然の中で、必死に生きているサルたちの日々に、意味のない瞬間なんてない。毎日見続けているからこそ、何気ない瞬間を、たとえそれが研究上必要なものでなくても、記録しておかねばならない。サルたちが、その日、その瞬間、確かにそこで生きていた証を、写真で残してあげたいのだ。それが研究者としての使命だと思えてしかたがない。私は、これこそ研究者にしかできない仕事であり、大切な活動の一つだと思っている。私が「自称写真家」を名乗る理由だ。

私の将来の目標の一つに、「研究者が撮った動物写真の写真集を出版する」というものがある。研究者が撮る写真というのは、芸術写真家が撮る動物写真とはまったく異なる楽しみ方が秘められていると感じているからだ。研究者が撮る記録写真は、まず、芸術的であるかどうかは真っ先に無視されるので、きれいな写真であることは必ずしも重要ではない。その代わりに優先されるのが、情報量だ。写真1枚でどれだけ重要な情報を多く切り取れるかが勝負となる。シャッターを切るタイミングは、ビデオカメラは、4K画質のものを使う。フルHDに比べて圧倒的にきれいに撮影できるので、動画が持つ情報量も増え、資料的価値も上がる。フォーカス調整を自動に任せていると、藪の中にいるサルたちや木に登って葉っぱを食べている場面などを撮る時に苦労するため、自分でピントを調整できるリングなどを備えたモデルでないと調査には使えない。私は、SONYのFDR-AX60と、PanasonicのWX-990Mを使っている。

総重量が何キロになるのか量ったこともないが、結構な重さである。タイの猛暑の中、この装備を担いで、歩いても歩いてもサルに出会えない日は本当に体力・気力ともに消耗する。調査道具の大半は毎日使うものではないが、いざ!という時にないと、本当に悔しい思いをする。特にその瞬間にデータの質が決まるような場合は、あとから悔やんでも悔やみきれない。なので、毎日全部持って歩く。

一日のルーティン

調査地では朝の七時頃、パニーさんとロンウワンさんが出勤してくるタイミングで、朝食と昼食を受け取る。私は普段から朝食は食べずにそのまま冷蔵庫にしまって、準備ができ次第調査に出発する。夕方五時のパニーさんたちの帰宅時刻までには調査を切り上げて部屋に戻り、夕食を受け取る。実はこの朝と晩に二回食事を受け取ることは、私の安否確認にもなっている。そのため、よほどのことがない限り、朝食を受け取る前には出発しないし、夕食を受け取ったあとは部屋から外出しない。

調査はまず、サルたちを見つけるところから始まる。運が良ければ調査基地からすぐそばにいることもあるが、日によっては森の中を何時間探しても見つからないこともある。また、五群いる群れのうちどの群れに出会えるかはその日次第である。なので、とにかく群れに出会えたら可能な限り追跡する。

サルたちは観察者の私の都合など知ったことではないので、崖だろうが藪だろうがどんどん進んでいく。棘が生えたツル植物の藪を進んでいくときは、服にツルが絡まり、腕に棘が刺さり、引っ掻いて流血し、散々な目にあってウンザリするが、なんとか追跡はできる。しかし、断崖絶壁を登られるとお手上げである。ベニガオザルは石灰岩質の岩山を好む傾向がある。調査地の中心にそびえ立つ山も石灰岩質で、このギザギザした岩肌の崖を登られると、サルたちの圧倒的なスピードにはとてもついていけない。必死で追いかけて崖を登ったもののサルたちを見失い、ふと足元を見ると結構な高さまで登ってきてしまっていた時の絶望感は、言葉では形容しがたい。私は高所恐怖症なのである。遠ざかるサル

お昼ごはんはカオニャオ（炊いたもち米）とムーフォイ（豚肉をほぐしたもの）かムーピン（豚肉の串焼き）のセットと決まっている。

切り立った岩山の斜面を移動しているところ。白丸の中にサルたちが写っている。人間には追跡できない。

たちの声を聞きながら、一旦そこで腰を下ろし、どうやって降りようかしばらく悩む。震える足をなんとかしながら崖をズリズリと滑り落ちていく様は、フィールドワーカーとしてはなんとも情けないものである。

暑季になり気温が四〇度近くなると、サルたちの生活は省エネモードに切り替わる。岩場の崖沿いや落石が折り重なってできた洞窟のような日陰で、何時間もただグータラして過ごす。サルたちは日陰でひんやり涼しいお休みタイムなのだが、私は直射日光の下でサルたちが活動を再開するのをひたすら待ち続けるのである。毛づくろいをするわけでもなく、ケンカも交尾も起きず、ただあちこちで寝転がってはダラダラしているサルを、私も汗をダラダラと流しながら観察するのである。

そんなこんなで調査を終えて帰宅したら、シ

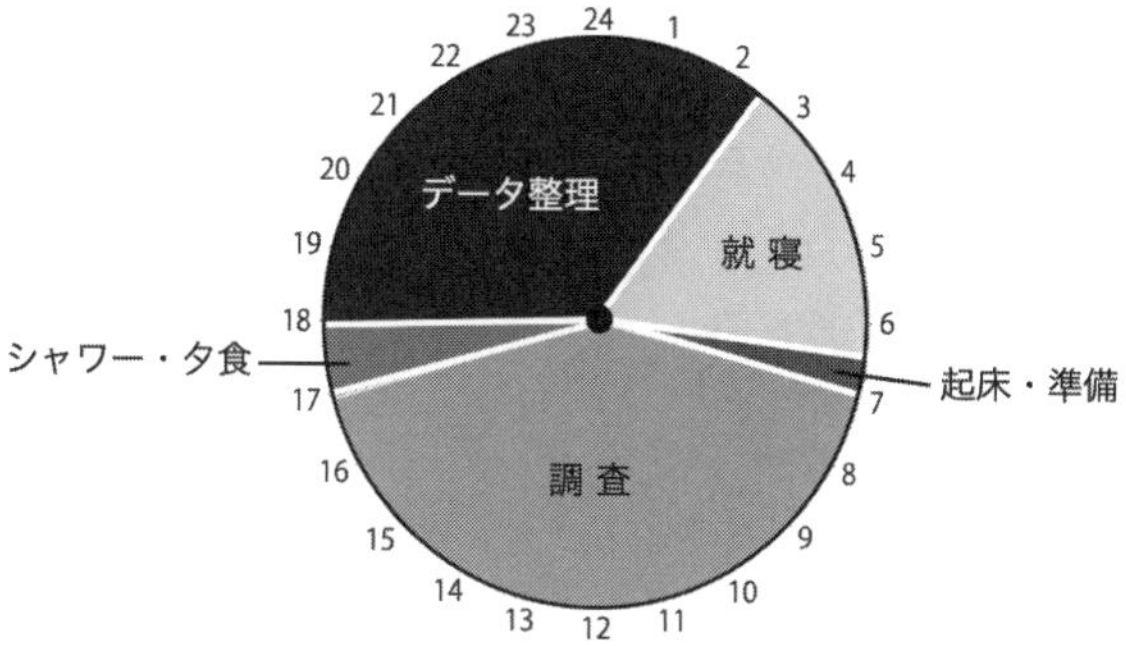

図3　1日のタイムスケジュール

調査とデータ整理以外はほぼ何もしなくて良いのは、パニーさんとロンウワンさんのサポートのおかげである。

ャワーを浴びて汗を流し、さっさと夕食を済ませ、犬たちにご飯をあげる。犬たちと夕日を見たりしながら一休みしたら、その日に取ってきたデータの整理である。写真データ、動画データ、GPSデータ、野帳記録データの順に整理し、統合できるデータは統合して、常にサルたちの行動の変化をモニタリングする。写真や映像データの整理には時間がかかるため、だいたい作業が終わるのはとっくに日付が変わった午前三時頃になる。お腹が空いたらカップ麺を食べ、犬たちにおやすみを言って、寝る。調査中は基本的に毎日この繰り返しである。

データ整理が追いつかない時は日曜日の午前中をデータ整理の時間に充てることもあるが、「完全にオフの日」というのはない。というより、休暇日と決めて部屋にいても、特にやることがないのである。普段からテレビは見ないし、ネットは遅いし、部屋の中は暑いし、遊ぶものもない。ただボーッとしていても、「今この瞬間にもサルたちの間でなにか重要なことが起きていて、自分はそれを見逃しているかもしれない」と心配になる。

昼寝でもすれば良いのでは、と思うかもしれないが、私の調査生活の中で、「寝る」ことは最もストレスが溜まる活動だった。寝ている時も、夢の中で調査をしていることが多かったのだが、まれにその夢の中で視点が第三者視点に切り替わることがある。そういう時は決まって、私がサルを見ている場所と反対側の尾根の影で〝重大な事象〟が起きているのに、私はそれにまったく気が付かず、その〝重大な事象〟を記録し逃している、という内容の悪夢だ。大体はオスが子どもを噛み殺す現場だとか、見知らぬオスがどこかからやって来てこっそり交尾しているとか、奇妙な性行動をしているとか、そういう〝現実に記録したらすごいこと〟ばかりだ。目が覚めればそれが夢だとわかるのだが、自分が寝る間を惜しんで調査に行っていたら、もしかしたら、それが現実に起きていた可能性があったのではないか、と考えてしまう。それが休暇日のお昼寝の最中に見た夢であればなおさら、後悔の念にかられてしまう。

仮にその日何も起きなくても、ただただただサルたちに振り回されて崖沿いを移動し続け、追いかけるのに精一杯でGPSデータしか収穫がなかったとしても、それでも毎日休まず調査に出かけてサルを見ている方が、余計なストレスを溜め込まずに済むのである。

犬たちの存在

こんな過酷な調査をタイの田舎でひとりポツンと孤独にやっていられるのは、犬たちの存在が大きい。彼らは私の調査地で唯一の親友である。二〇一五年の調査開始当初、基地には六頭の犬がいた。オスが二頭、クロと茶助。メスが四頭、シロ、シロスケ、キレー、ヴェンヴァーだ。キレーとヴェンヴァーは元からついていた名前だが、他の子達の名前は、発音が難しかったので私が勝手につけた名前である。近くのお寺にも一頭オスがいた。このオスは私に一向に懐かず、近づくと散々に吠え立てられ、手を差し出すと噛もうとする犬だった。彼のテリトリーはお寺であり、私は部外者なので、忠実な番犬ではある。このオスはテライヌと名付けた。このテライヌが、基地にいたキレーと仲が良く、二頭の間に子どもが五頭生まれた。キレーはその後、生まれた息子のヒロ坊の成長とともに折り合いが悪くなり、基地をはなれてテライヌがいるお寺に移動し、さらにそこでまた子犬を生んだ。なかには天国に行ってしまった犬たちもいるが、それでも今では調査基地に四頭、お寺に一〇頭以上という、犬だらけの状態になっている。

犬たちとサルたちの関係性は、「犬猿の仲」ほど悪くはないが、あまり良くない。サルたちが基地周辺に出没すると、犬たちがみな吠え始める。近くに私がいると、よけいに張り切ってサルたちを追い払おうとする。私がサルたちを追跡しているときにこれをやられると困るのだが、サルに出会えずに森を彷徨っているときに基地方面から犬たちの吠える声が聞こえると、「あ、基地の方にサルがいるな」とわかるので、ありがたい時もある。お寺の犬たちは、サルが来ても無視をしていることが多いが、それは基地に比べて敷地が広いからだろう。走るのは犬の方が速いが、ケンカとなるとやはり犬よりサルの方が強いようで、サル側が反撃しようとする素振りを見ただけで犬たちは後

夜ご飯の時間

退りする。稀有な例として、怪我をしたサルの子どもが一頭でいるときに犬たちが襲い掛かろうとした事例と、誕生間もないアカンボウが放置されてしまったときに犬に咬み殺されてしまった事例を見たことはあるが、逆にサルが犬を殺したという事例を私は見たことはない。

調査地では犬たちのご飯を用意するのは私の仕事だ。近くの商店で一〇キログラム入のドライフードを何袋も買い込む。店主にはすっかり顔を覚えられ、「犬のブリーダーでも始めたの?」と聞かれる始末である。犬たちのご飯を炊くために三〇〇バーツ（約一〇〇〇円くらい）の炊飯器まで買った。調査から帰るとご飯を炊き、ドライフードと缶詰を混ぜて、犬たちにあげる。基地の犬たちにご飯をあげたら、今度はお寺の犬たちにもご飯をあげに行く。そうしてしばらく一緒に遊んで、一日の疲れを癒やすのである。

最初に犬たちに適当な名前をつけたのは、あまり情をかけたくないという思いからだった。私の調査地生活は期限付きで、ずっと彼らと過ごせるわけではない。日本に連れて帰るわけにもいかないので、できるだけ距離を取っていたかった。

しかしそんなことは不可能だった。朝は「おはよう」の挨拶に来てくれるし、調査に出る時はお見送りをしてくれる。帰ってくれば尻尾をこれでもかというほど振ってお出迎えしてくれる。夜中は番犬としてずっと部屋の前にいてくれるので安心だ。寂しくなれば遊び相手になってくれるし、悩みがあれば話も聞いてくれる。こんなかわいい犬たちを無視するなど、私にはできなかった。

キレーが基地で子犬を五頭生んだときは、子犬たちの世話係になり、毎日ミルクをあげる生活が続いた。朝早くから部屋の扉をガリガリ引っ掻いてミルクを要求されるので、すっかり寝不足になった。子犬たちは私の部屋にも遠慮なく入ってきて、あちこちでイタズラばかりする。締め出すと外でずっとキューキュー鳴いて私を呼び続ける。根負けして扉を開け、部屋に迎え入れた途端、カバンや服を齧られボロボロにされる。それでも、遊び疲れてスヤスヤ寝ているその寝顔に癒やされる時間は、私にとってはかけがえのないものだった。そんなやんちゃ期を共に過ごした子犬たちが近所の里親にもらわれていく日には、涙を流しながら見送るのである。

彼らはいつの間にか、私の大事な家族になっていた。彼らがいなければ、この調査地で精神の安定は保てなかっただろう。ちゃんと元気にやっているだろうかと、今も日本から毎日心配している。

岩陰で昼寝をするメス。暑季のサルたちは、体力の消耗を抑えるため、日中は崖や岩場で休息している時間が長い。

乾季の後、雨季までの4月～5月ごろが、最も気温の高い暑季だ。平均気温は32度、平均湿度は70％ほどだ。日中は40度近くまで気温が上がることもあり、サルたちにとっても過酷な時期だ。森では木々は落葉し、枯葉がパリパリに乾く。草本は枯れ果て、林床に直射日光が差し込む。森の中にはサルたちが飲めるような水分がほぼなく、サルたちの食料となる果実なども少なくなるため、なるべく動かず体力を温存する省エネモードに切り替わる。朝と夕方の活動時間帯に群れに出会えればサルたちを観察できるが、昼間は崖や洞窟の中で休息していることが多く、発見するのは難しい。

Column 2

タイの季節「雨季　乾季　暑季」

タイは、気候区分では「熱帯モンスーン気候」に該当する。高温多湿だが、モンスーンの影響を受けて、若干乾燥する季節が存在するのが特徴だ。タイにおける季節は乾季、暑季、そして雨季の3つに区分されることが一般的だが、乾季と暑季をひとまとめにする場合もある。

雨季は例年6月ごろから10月ごろまでを指す。私が設置した温湿度ロガーの記録では、調査地での平均気温は28度、平均湿度は90％である。雨季といっても、日本の梅雨のように、一日中シトシトと雨が降り続けるような天気の日は少なく、だいたい昼過ぎから夕方にかけて、1時間雨量で50mmを超えるスコールが1〜2時間ほど降る日が多い。高温多湿であり、植物が急激に茂り始めるため、森の中は鬱蒼とし、視野が狭くなる。サルたちの観察が最も難しくなる季節である。

雨季が終わる11月から3月ごろにかけては、乾季になる。調査地では平均気温は29度、平均湿度は60％前後だ。雨はほぼ降らず、雲一つない晴天が続く。年末ごろには気温が25度を下回る日が数日あるが、その時期タイ人の中にはダウンジャケットを着る人まで現れるほど、寒く感じる。森の中は快適で、適度に葉が落ち、視野も開け、涼しい風が林間を吹き抜ける。私が好きな竹の実がなるのもこの時期である。

2　四〇〇頭のサルに挑む

写真撮影という記録方法

動物の行動観察といえば、「双眼鏡と野帳と鉛筆」というイメージがあるかもしれない。こういう物を持っていると、なんとなくフィールド研究者っぽい。しかし私の調査では双眼鏡はほとんど使わない。野帳に書き留める記録も必要最低限の情報ばかりで、行動についてはもっぱら写真や映像による撮影記録が中心である。野帳ではなく撮影を重視する理由は極めて単純で、〝もったいないから〟である。

例えば、目の前である行動が起きたとする。野帳に書き留める場合は、その瞬間にまず時計をチェックし、何時何分何秒だったかを確認して書き留める。そして、目の前で起きたことを文字で記述し始める。目は二つあっても同じ方向しか見られないので、野帳に文字を書いている間に目の前で起き続けている出来事は全部見逃してしまう。おまけに文字で書き取れる情報というのは限られているし、その情報が「分析可能なデータ」かどうかは極めて怪しい。例えば、「キーっと鳴いた」という記載をしても、その「キー」という音声が、どういう音響特性を持った音声だったかや、何秒間継続したかまでは分析できない。もちろん、「特定の行動が起きた時間さえ記録できればいい」

というように、研究手法としてそれで十分であるなら問題ない。しかし、あらゆる行動をノートに書き留めるというのは、不可能に近い。目の前では常になにかしらの行動が起きている状況下で、そのすべてを文字で記録するなど不可能だし、起きた行動が記録を取るべき重要なものだったか否かは、その場では判断できないことも多いからだ。野帳による記録は、結構な労力と気力を使う作業でありながら、得るものが少ない手法だと私は思う。

その点、写真や映像による記録は非常に楽で、確実で、情報量が圧倒的に多い。あっと思った瞬間にパッとシャッターを切るなり、ポチッと録画ボタンを押せば、それでおしまいである。目の前の様子から環境音に至るまで、ありとあらゆる情報を瞬時に記録してくれる。時間も自動でファイルに書き込まれるため、時計を見る必要もない。観察していたときには気づかなかった細かな情報を、後から写真や映像内に見出すことも多い。もちろん、「撮影をするかどうか」を決める段階で、観察者のバイアスが生じていることは否めないが、文字情報の何十倍という情報を瞬時に収集し、あとから如何様にでも分析できるデータとして残すことができることのメリットは大きい。デジタル技術の進歩ゆえに可能な、ある意味「力技」だが、ポータブルストレージも大容量・小型化している現在、データの整理にかかる手間を差し引いても余りあるだけの情報が取れる手段だと私は思う。

もちろん、こうした撮影による記録データが「利用可能な状態」になるには、データ整理が不可欠である。私の場合、一日に大体一〇〇〇枚くらい、多い日には三〇〇〇枚ほど写真を撮る。併せて数時間分のビデオ録画もおこなっているので、結構なデータ量になる。これらの写真なり映像な

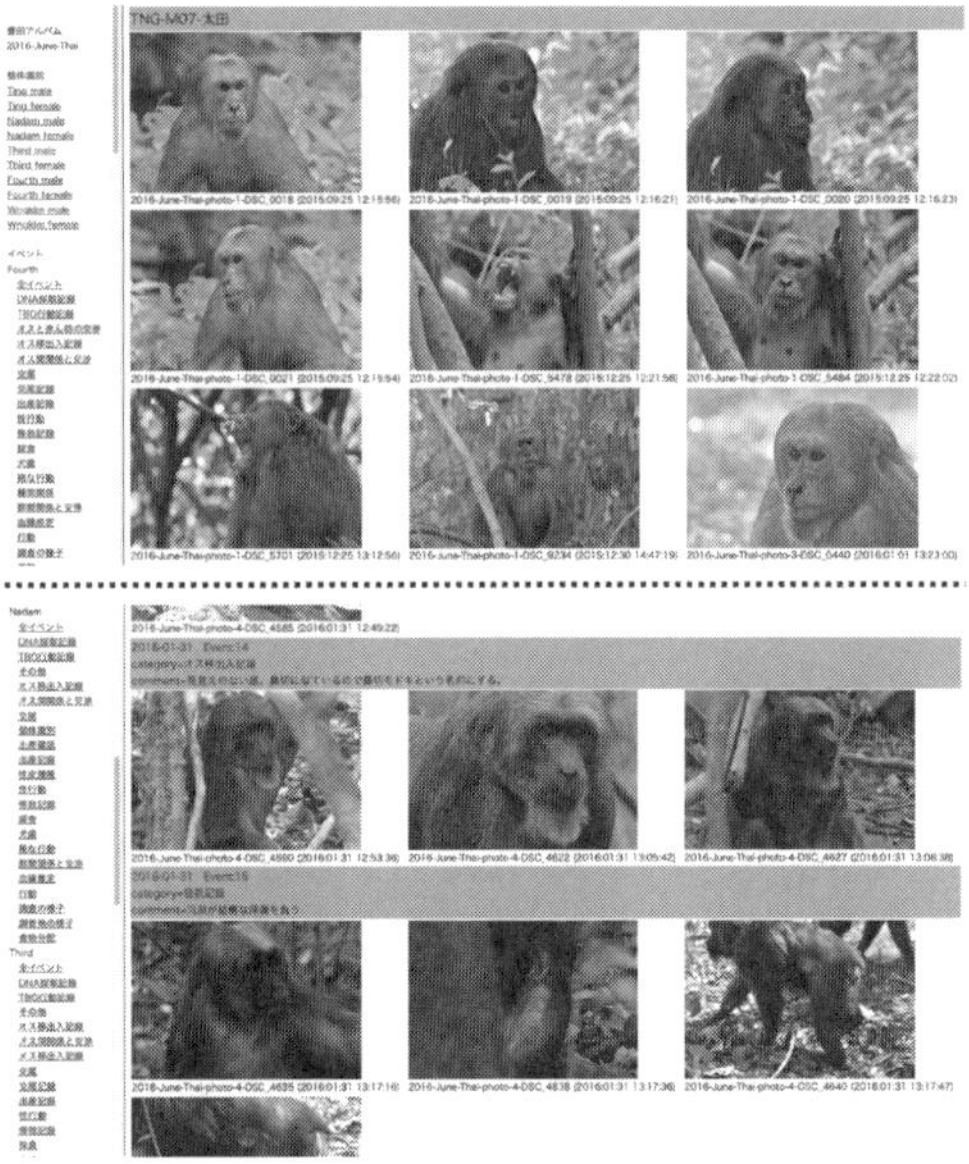

図4　アルバムの例

個体識別タグは群ごと・性別ごとに分かれている。同じ個体のいろいろな角度から撮った写真を蓄積していく。撮影日を見れば、その日その群れにいたかどうかが確認できる。イベントタグは任意のタグをつけて管理する。それぞれのイベントには注釈を付すことができる仕様になっている。

りのデータは、撮りっぱなしで放置しておくと、数日も経てば記憶が曖昧になって「あれ、これなんで撮ったんだっけ?」となる。そうなると、いくら大量にあっても使えないデジタルゴミの山になる。したがって、私は基本的に「その日取ったデータはその日のうちに整理してまとめてしまう」ことをルールにしている。

写真データの整理には自動プログラムを利用する。まずは個体識別用の写真に個体名情報をタグ付けしていく。このタグ情報は、あとから抽出すればどの群れでいつ誰を見たのかがわかるようになるので、サルたちの出席簿代わりになる。次に、イベント記録用の写真に行動情報のタグ付けをおこなう。その写真が、どういう行動の写真かをタグで管理する。最後に、その写真に注釈を付す。その行動を見たときの状況や感想、思いついたことを書き留めておく。あとは、プログラムで処理をかけると、その日の写真がタグごとに整理されたアルバムがＨＴＭＬ形式で整形される仕組みである。

このアルバム機能は非常に優秀で、階層性を持った分類形式を採用している。最上層には「個体識別」と「イベント」という階層がある。「個体識別」の下の階層には、「Ting_male」「Nadam_female」のように、それぞれの群れごと・性別ごとにタグが割り振られている。例えば「Ting_male」のタグを押すと、Ting群のオスたちの一覧が名前ごとに整理されて表示されるので、個体を検索することができる。「イベント」の下の階層には、群名の階層がある。その下に、行動タイプのタグ一覧が表示される。行動タイプのタグは任意で設定でき、例えば「オス移出入記録」「交尾」「ケンカ」「社会交渉」「群間交渉」などいろいろなタグが作成できる。あとから「Nadam群で怪我をしている個体を探したい」と思ったら、「Nadam群」の階層にある「怪我記録」のタグを押せば、いつ・誰が・どういった怪我をしていたかがすぐにわかる。珍しい行動を見たな、と思ったら、各群れの階層にある「まれな行動」タグを押せば、過去に同じような行動があったかなかったかがすぐに検索できる。これらの写真はすべてサムネイル形式で表示され、サムネイルをクリックすると原寸写真が表示されるという仕組みである。タグを横断して時系列で全イベントを並べる機能もあるため、調査初日からその日まで、サルたちがどんなことをしていたのかリアルタイムに復習できる。

こうして日々情報をアップデートしながら経過を把握しつづけることで、翌日以降に自分が何に気をつけて行動観察をしなければならないかが自然と見えてくるようになる。また、生起頻度の低い珍しい行動に気が付きやすくなり、観察漏れが少なくなっていく。

この写真整理のプログラムは、最初の予備調査の時に丸橋先生から教えてもらったもので、その時に引き継いだコードを私が適宜修正しながら利用している、いわば〝秘伝の技術〟である。このプログラムはM言語というプログラミング言語で書かれているのだが、一般的に普及しているC言語やJava、Pythonに比べて、教科書やネット情報が極めて少ない。このM言語で書かれたプログラムをCachéという、これまた聞き慣れないシステム上で実行する。それまでプログラミングなどというものをまったくやったことがなかった私は、最初にこのプログラムの雛形をもらってからまともに使えるようになるまで数か月かかった。コードを順番に解読していき、どの指令がどんな作業をするのか、ひとつひとつ確かめるしかない。デバッグ（プログラムの修正作業）に明け暮れていた時期はストレスが溜まり、「データ整理の作業中、プログラムを走らせた瞬間にPC内のすべてのファイルが完全に削除されてしまう」という悪夢に連日うなされるほどだった。エラー続きで自力でのデバッグがお手上げになったら、丸橋先生にメールでお助けを乞うのだが、先生はあっという間に問題点を見つけ出して解決策を返信で教えてくれる。己の無能さに打ちひしがれながらも、直してもらったコードを解読し、どこをどういじって解決したのか、地道に勉強していくしかない。試行錯誤を繰り返し、徐々にコードがわかってくると、説明文の大きさを変えてみたり、改行する字数を変えてみたり、並べる画像の数をいじってみたり、自分流にカスタムができるようになってくる。こうした工夫を重ねて、オリジナルのアルバム整理プログラムに成長してきた。このアルバムがあったからこそ、今でもベニガオザルの暮らしぶりをつぶさに思い出すことができるのである。

映像データの整理は、フォルダ内のファイル情報を自動で吸い上げる簡易コマンドと、Excelを利用する。動画ファイル名、ファイルの長さ、写っている撮影個体、行動タイプ、注釈など、いろいろな情報をExcelシート上でリスト化していく。動画データの解析には撮影時間の倍以上の時間がかかると言われるが、撮影したその日に整理をしておけば、少なくともどういう行動が写っている映像かはすぐにわかるし、メモを残しておけば確認の手間も省ける。「あの行動が見たい」と思ったらリストから検索をかければ該当する動画ファイル名がわかるため、分析時に効率が上がる。データ整理の手間を最小化するコツは、映像で記録を取った時には、録画を停止する前に、簡単にその動画の概要を吹き込んでおくことだ。そうすれば、動画の最後を見ればそのファイルがどんな内容なのかがわかるようになる。

最後に、野帳にメモした情報のうち、大事なことを写真データに紐付けてメモしたり、ビデオデータリストの注釈に補足を書き込んだりして電子化しておく。過去に一度、野帳を洗濯してしまったことがある。こういう事故に備えて、本当は野帳を毎日スキャンして電子保存するのが望ましいが、せめて大事なことはその日のうちに抽出して電子化するくらいはやっておいて損はない。

ちなみに、ここまでデジタル依存体制になってくると、注意しなければならないことがある。それは、デジタルデータのバックアップだ。せっかく毎日苦労してデータ整理をしても、万が一、ちょっとした不注意でＨＤＤを落としてしまったら、落雷で過電流が流れてしまったら、帰国時に空港で盗難被害にあってしまったら、すべてが「無」になってしまう。当時の私の場合は、３ＴＢくらいのポータブルＨＤＤをメインとし、定期的に大型の８ＴＢのＨＤＤ二台にバックアップを取っていた。そして、一時帰国の際などにはその８ＴＢのＨＤＤのうち一台はタイ国外へ持ち出さないことにしていた。今はもっぱら、重要なデータはクラウド上で保管している。

撮影で気をつけること

この写真や映像を中心とした調査手法で大事なことは、〃記録としての価値〃を意識して撮影をおこなうことだ。

写真の場合は、写っている個体が誰で・どこで・何をしているのか、という情報を過不足なく含む適切な構図で切り取り、それらを情報として分析できるに足る、つまり周囲の個体や環境も判別できる十分な被写界深度で、手ブレ・被写体ブレ・ピンボケなく撮影することが求められる。撮影設定をオートに任せていては、いくら上位機種のカメラ機を使っていてもデータとしては使い物にならないことがある。その場の撮影環境から、瞬時にシャッタースピード、絞り値、ＩＳＯ感度の設定を調整できるように訓練する必要がある。

映像の場合は、移動を伴う撮影時以外には、絶対に三脚を用いて撮影するほうが良いと私は思っている。ピンボケで何を撮っているのか、被写体がどこにいるのか、何に注目して見ないといけないのかさっぱりわからない動画や、手ブレがひどくて見ていて酔ってくるような動画、あるいは、急にズームになったと思ったら被写体がフレームアウトし、急いで引くと画面が揺れてその間の行動がまったくわからないという〝臨場感あふれる〟動画は、記録映像としては好ましくない。こういった映像は、「何も伝わらない」という意味で他人に見せても見せなくても一緒であるし、なにより自分で分析していてウンザリする。当然ながら、多くの出来事は予期せず起こるものであるので、三脚の準備が間に合わない際は手持ちで撮り始めるわけだが、被写体がその場に留まってくれる状況であれば、撮影中に三脚にセットすることを試みるべきだろう。ビデオカメラにクイックシューを取り付けておくと、三脚への設置の手間や、設置中の映像のブレを最小化できる。

ここまで私が映像記録において三脚の使用にこだわるのは、自動解析技術の向上が理由である。映像の自動解析が可能になってきた近年において、〝視点がぶれない映像〟というのは自動トラッキング精度が飛躍的に向上するために利用価値が非常に高い。将来の自動解析の可能性を見越して映像記録を撮りためることは重要であると思うし、そうであるならば、三脚を用いて撮影し、過剰なズームや急激な視点移動を行わずに冷静に撮影することが、動画データの質を上げる上で重要な鍵となる（将来は手ブレすらスムージングをかけてくれるAIフィルターなどが出てくるかもしれないが）。大きく重たい三脚を担いで調査に出る必要はないが、バックパック側面のポケットに収納可能（片手で後ろ手に取り出すため）なサイズ感の三脚は持っていくほうが良いのではないかと思っている。

のっぺらぼうの悪夢——個体識別の苦悩

動物の行動研究において、個体を識別することは調査の基本中の基本である。行動を記録する際は「誰と」「誰が」「いつ」「どこで」「どういう状況で」「何をしたか」を記録するため、まずは個体識別ができるようにならなければ、話は先に進まない。

私は調査期間中、この調査地に生息する五つの群れ、総勢四〇〇頭近いサルたちの顔を覚え、区別し、名前をつけて識別していた。よく「サルの顔がわかるなんてすごいですね！」と言われることがあるが、それなりの大きさの動物を研究している人はどんな種であってもみんな、対象の個体を見分けているはずだ。個人的には、サルの個体識別は人間の顔を見分けて名前を覚えるより簡単だと思っている。

もちろん初めからすぐにできるわけではない。予備調査でも数頭しか覚えることができなかった私にとって、個体識別は実質ゼロからのスタートだった。

調査開始当初、まず私がやったのは、サルたちに出会ったら手当たりしだいに全員の顔写真を撮りまくることであった。どんな角度でもいいから何枚も撮る。ひたすら撮り続ける。小さな傷でも識別の手がかりになるため、サルたちの顔を、ピンボケ・ブレなく、顔のシワに至るまでくっきり撮影することが求められる。

写真を撮ったら、部屋に戻ってきてすべての写真を一枚ずつ確認する。そして、すべての写真総当たりで「同じ顔」か「違う顔」かを判定していく。かなり目立つ怪我や傷跡があったり、特徴的な顔の模様だったり、瞳の色が違ったり、片目の瞳孔が開きっぱなしだったり、そういう明確な判断指標がある個体は識別が容易だ。だが、すべての個体にそういう特徴があるわけではないので、個体の一致・不一致の判定には、以下の基準を設けて厳密にチェックしていた。

①顔の特徴が少なくとも三つ以上一致すること

撮った写真を拡大し、「鼻の斜め四五度下の位置に黒い点が三つ並んでいる」とか、「右の頬に赤い筋状の模様がある」とか、「左の目元に点が二つある」といった斑点の特徴や、「左の頬から目の横にかけてY字状のシワがある」など、細かい特徴をすべてチェックする。こうした顔の模様が三つ以上合致すると、とりあえず同じ個体である可能性が高いと言える。顔の斑点ひとつひとつ、シワの一本一本までくっきり写っている写真が必要となるので、写真撮影技術は嫌でも日に日に向上していく。識別見本となる写真には、この精度で撮られた写真が正面と左右の少なくとも三方向分は必要となる。

②乳首の数、色の組み合わせが一致すること

この調査地のサルたちには、副乳と呼ばれる第三、第四の乳首を持つ個体が結構な割合で存在する。副乳自体はヒトでも見られるため珍しいものではないが、この調査地では二割の個体が副乳を持っており、[2]これは結構高い数値である（ヒトでは一～五%と言われている）。よって、乳首の数は有

用な識別指標になりえる。また、乳首の左右それぞれについて、色が赤色と黒色の二種類あるので、この色の組み合わせをしっかり確認する。例えば、「乳首が四つ、いずれも黒」「乳首が二つ、右が赤・左が黒」という具合である。識別写真では乳首の数、色までわかる引きの写真を用意する。

③オスの陰嚢の色が一致すること

オスは乳首に加えて陰嚢の色が赤色と黒色の二種類あるので、これもチェックする。陰嚢については、まれに睾丸が一つしかないのではないかと思うような左右非対称な形をしているものもあるが、ほとんどの場合は外見上目立つ特徴があることは少ない。色さえわかれば良いので、顔写真のように、すべてのシワに至るまで精密に写した写真を必要とはしない。個体の顔が見えて、かつ陰嚢の色もわかるような写真が撮れればよい。オスが岩の上でまっすぐに座っている瞬間を狙うのが一番簡単だが、だいたい背中を丸めているか足を閉じていることが多いため、チャンスは少ない。陰嚢の色を記録する写真を撮る際は、オスが歩いている時を狙う。斜め前からカメラを構え、顔にピントを合わせつつ、歩みをすすめる足の隙間からちょうど睾丸が確認できる瞬間の写真を撮るのである。撮影タイミングが命なので、その個体の歩き方のクセを見ながら、カメラを構える位置を見極める。

この基準をクリアして初めて、同一個体と判定するに至る。

個体を判別したら、次に名前をつけていく作業に移る。私は、自分が覚えやすいようにそれぞれ

ベニガオザルの個体識別基準

①顔の特徴が少なくとも3つ以上一致すること

②乳首の数、色の組み合わせが一致すること

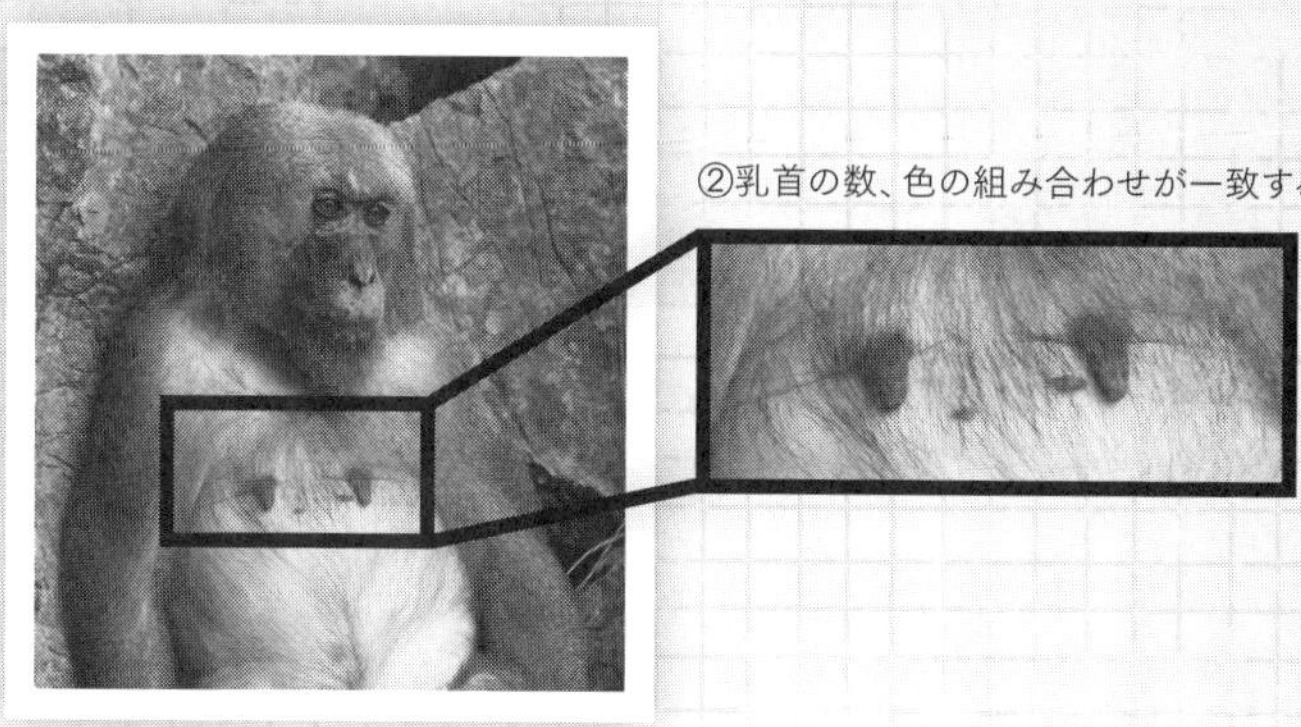

③オスの陰嚢の色が一致すること

のサルたちにニックネームを付けているが、それとは別に、論文等で記載する用の正式名称もつけてある。個体名情報は、正式名称とニックネームのセットで管理している。

正式名称は、「群れ識別符＋性別識別符＋通し番号」という命名規則に則ってつけていく。

群れ識別符：この調査地には、五つの群が生息していて、それぞれにTing群、Nadam群、Third群、Fourth群、そしてWngklm群という名前がついている。この群れの名前から、TNG、NDM、TRD、FTH、WKMという識別符をつける。

性別識別符：オスはMaleからM、メスはFemaleからFという識別符をつける。

通し番号：群れ識別符、性別識別符をつけたら、最後に番号を振っていく。大雑把な年齢区分を分けたあとで、識別した順番に、連番で振っていく。

例えば、論文に記載するような正式名称は以下のようになる。

TNG–M02（Ting群のオスで二番の個体）
NDM–F35（Nadam群のメスで三五番の個体）
WKM–M05（Wngklm群のオスで五番の個体）

私の写真アルバムでは、ここにニックネームを足した〝フルネーム〟で管理する。

TNG-M02-Gouda（Ting群のオスで二番の個体、郷田くん）
NDM-F35-Soldum（Nadam群のメスで三五番の個体、ソルダムちゃん）
WKM-M05-Hata（Wngklm群のオスで五番の個体、波田くん）

こういった感じで、個体名を管理している。

ニックネームの付け方は、オスには日本人の名字、メスには野菜や果物の名前を、それぞれつけている。この名前の付け方には特に意味はなく、はっきり言って何でも良い。魚の名前と植物の名前、でも良いし、鉱物の名前と国の名前、でもいい。本人が覚えやすければ問題ない。種類が多いものを選ぶと、名前の候補を探す時に苦労しなくて済む。ただし、オスとメスでまったく別系統の名前をつけるのが重要なポイントである。名前を聞いただけで、オスかメスかがすぐにわかるからだ。

ベニガオザルを見た人の多くは、「識別簡単そうだね」と言う。確かに、顔にくっきりとした斑点模様があるので、情報量は多い。おまけに、顔も毛色も真っ黒いという特徴的なタイプの個体（コラム3参照）もいるため、実は私も最初は簡単だろうと高をくくっていた。しかし、実際に識別を進めていくと、顔の模様パターンがそっくりな個体が何頭もいることがわかり始めた。真っ黒いタイプに至っては、毛色も顔の色もまったく一緒で、違いは「左の鼻に切れ込みがあるかないか」しかないというものまで現れた。一度「識別ミス」に気づくと、だんだん過去の識別を甘く見ていた頃

図5　真っ黒いタイプのオスたち

みんな別個体である。上段左から黒田くん、樋口くん、黒沢モドキくん、下段左から黒澤くん、米山くん、ドンくん。

の自分がやった分類が信じられなくなってくる。もしやと思って全頭洗い直すと、複数個体が混じっていたと判明することもあった。

この個体識別作業は過酷でストレスが溜まる。そもそも「その群れに何頭いるのか」という情報すら知らないわけなので、すべての写真が何頭に分類できれば識別が終わりなのか、まったくわからない。ゴールが見えない作業を延々と続けなければならないのだ。一向に個体識別が進まない初期は、毎日と言っていいほど、「目の前のサルたちの顔が完全に瓜二つになって識別できずにパニックになる」という夢と、「目の前のサルたちがみんなのっぺらぼうになっていて識別できずにパニックになる」という夢にうなされていた。私はなにかあるとすぐに夢でうなされる。

おまけに、個体識別は写真で判別できるだけでは不十分で、実際に現場で個体を見てその場ですぐに識別できるようにならなければならない。ある程度名前と顔を覚えたら、今度は現場での識別を試みるのだが、ここで新たな壁にぶち当たる。その日どの群れに会えるかは運次第、という「不規則さ」である。毎日同じ群れを観察できるのであれば、一頭ずつ順番に覚えていけば済む。連日の反復訓練によって記憶にも残りやすく、識別速度も精度も上がる。しかし、次に同じ群れに会えるまでに間が空いていて、なおかつその間に別の群れの個体識別を進めないといけないとなると、情報が混乱してくるのである。だんだん、誰がどの群れに所属する個体なのか、わからなくなってくる。

最終的に私は、群れごとに整理した写真アルバムをPDF化し、スマホに入れて調査に持っていくことにした。現場でまず、出会った群れが何群なのか判断し、目の前にいる個体を識別してみる。そしてPDFを見て答え合わせをし、間違っていたら識別特徴を探し直す。こうした地道なトライ・アンド・エラーを繰り返した。結局私は、完璧に識別できるようになるまで丸二か月の期間を費やしたのであった。

個体識別は苦行ではあるが、達成した後にはサルたちの見え方は劇的に変わる。名前をつけて識別できるようになると、その個体特有の歩き方、座り方、仕草や癖、好きな場所など、徐々に個性が見えてくる。個性がわかると、〝その子の可愛いポイント〟がたくさん見つかるようになる。そうして私の識別ポイントはいつしか、「顔の模様」「傷」「毛色」といった具体的な情報から、「この仕草」「この鳴き方」「このかわいい顔」といった印象情報にどんどん置き換わっていく。今では後ろ姿や、横を通り過ぎる時の様子だけで、その個体が誰であるかがわかるまでになっている。

原石を拾い集める

いよいよ次章から、具体的なベニガオザルの生態を私の観察データから紹介していくことになるのだが、その前に、私が当時何を考えて調査をしていたのかについて少しお話ししたい。

私は博士課程の約二年、正確に言うと二一か月を野外調査に費やした。博士一年の九月にようやく調査許可が下りて、そこから調査開始だったため、二年も野外調査をやっていては、調査が終わる頃には博士三年の夏を過ぎている。その年に博士号を取ることは絶対に不可能なスケジュールだった。それでも私は、調査地の環境構築や個体識別にかかる期間を除いて最低でも一年、できれば一年半はきっちり追跡する期間を確保したかった。そのため、博士課程をもう一年延長する覚悟で、この調査日程を組んだのだった。

博士研究のテーマとしては、「オスの交尾戦略と、子どもの父親判定」という目標を設定した。これは、直近三年で達成すべき短期目標である。しかしこの目標とは別に、もう一つ、私には大きな目標があった。それは、「未知なるベニガオザルの生態のアウトラインを掴み、生涯をかけて取り組む研究テーマを複数発掘する」というものだ。そのために私は、博士研究の間は「仮説検証型研究」

よりも「データ駆動型研究」を重視して調査を実施した。

仮説検証型研究は、手堅い手法である。文字どおり、研究を始める前に想定されうる仮説を設定し、それを検証するために必要なデータを記録する。結論はハッキリ出るし、研究デザインとしても秩序立っているので論文化しやすい。短期で確実に成果を出さねばならないのであれば、仮説検証型研究のほうが安全だ。一方で、見方を変えると「記録項目にない行動は記録しない」という態度に陥りがちである。そして、自分の集めたデータの解釈を「仮説と合致するか否か」で判断し、本質を見誤る危険もある。先行研究が十分にあって、確かな知見に立脚した仮説を設定できる場合や、実験下など環境統制が取れた条件下で精密な行動実験をおこなう際などは問題ないが、ベニガオザル研究の場合はそのいずれでもない。そもそも「どんな仮説が立ちうるのか」すらよくわからない。そんな種を対象に、はじめから仮説ありきで観察を始めたら、空振って失敗するのがオチか、かろうじて形になったとしてもせいぜい一本か二本の論文になっておしまいだと思った。

そこで私は、二年間という時間をフルに投資し、まずはベニガオザルの基本的な生態のアウトラインを掴むのが先決だと考えた。そのため、見たものは可能な限りすべて記録し、結果は後から解釈するというデータ駆動型研究で頑張ることにした。もちろんこれにはリスクが伴う。博士課程には時間制限があるので、いつまでもダラダラと続けられるわけではない。限られた時間の中で、博士論文のアウトラインを構成する骨組みパーツをできるだけ多く収集しなければいけない。また、データがラフになりがちなので、論文化する際にはいろいろと突っ込みどころも増えてしまう。博士の学位が三年で取れないかもしれない。しかし、そんなことは大した問題ではなかった。他にもっと大きな心配事があったのである。

私が最も危惧したことは、中途半端に仮説検証型のデータ収集を始めて、バイアスのかかった目線でサルたちを観察すれば、本当に見なければならないこと、もっと面白い行動、科学的に重要な現象をみすみす見逃し、彼らの生態の実態を誤解するのではないか、ということだった。これから何年もベニガオザル研究を続けていくという、まさにその最初期の段階で、〝誤ったベニガオザル像〟を持ってしまうことの長期的な悪影響のほうが、最短年限で博士号が取得できないことよりも致命的に思えたのである。したがって私は、学位のために小さくて確実な完成品を一つ得るより、未完成で大雑把でも良いから将来多様に発展しうる「原石」をいくつも見つけることを優先した。

博士研究の調査を開始した当初は、ただひたすらに真っ暗なトンネルの中を手探りで進んでいくようなものだった。なんども壁にぶつかり、方向を見失い、紆余曲折を繰り返した。何度挫折しかけたことだろうか。その度に私は、丸橋先生の言葉を思い出した。

「なにかを明らかにしてやろうとか、なにかの進化を解明してやろうとか、そういう人間の奢った態度で研究をしていては何もわかりません。自然から学ぶという謙虚な姿勢で、しっかりと〝観て〟〝察〟する観察を続けていれば、心配をしなくても、観るべきものをちゃんと観ることができるようになります。」

私はこの言葉を信じ、可能な限りあらゆる行動を記録することに集中した。そうして半年経ち、一年が経つうちに、行く先にわずかな光の点が見えてきた。周囲がやんわりと明るくなって見えるころには、自分の後ろにいくつもの道が見えるようになり、手元にいろんな「原石」が残されていることに気がついたのである。

この「原石」の数々が、自分がベニガオザルの〝観るべきもの〟を観た結果として残っているものかどうかは、まだわからない。それでも、私にとっては汗と涙の結晶、希望に満ちた「原石」である。あとは残りの研究者人生でこの「原石」を順番に切り出し磨きながら、それぞれを仮説検証型研究に落とし込んでいき、ベニガオザル研究を細く長く続けていこうと思っていた。

3章の目次を見ていただければわかるように、記載内容は多岐にわたる。これらはすべて、私が二年間の観察で見出してきた「原石」であり、本来ならばこの章の項目分だけの研究テーマが立ち、それぞれ論文が書けるはずだった。

しかし、博士研究を終え学位を取ったあと、研究の「原石」をたくさん抱え込んだまま、私はしばらく本格的な野外調査を実施する機会に恵まれなかった。博士研究の調査を終えて調査地をあとにしたのが二〇一七年。その後、NHKのロケや短期調査で間をつないだものの、二〇一九年八月にようやく本格的な長期調査再開に動き出した頃には、二年の空白が空いてしまっていた。調査地においてあった家財道具はほとんどがなくなってしまい、個体識別も一部やり直しとなったが、それでもなんとか二年の空白を挽回しようと頑張っていた。その矢先、新型コロナウイルスの感染拡大に伴う国際的な渡航規制によって出鼻をくじかれ、五か月弱で調査を中断せざるをえなくなった。

中途半端な状態のままタイの調査地に戻れなくなり、二年以上も経ってしまったのだ。実質的な空白期間は四年近くになった。データの連続性がバッサリ途切れてしまったために、点と点を繋ぐ線が書けなくなってしまい、サルたちの生活の変遷や変化の因果関係がまったく追えなくなってしまった。もはや自分の過去のデータの価値が下がってしまったようにすら感じる。

こうした理由により、私の研究の多くは「未完成品」のままである。もっとも、ベニガオザルの生態を解明するには二年足らずの調査など無に等しく、私の残りの人生をすべて使っても到底足りないくらいなので、未完であることは自明であるのだが、そんなスケールの大きな話ではなく、「論文になるかならないか」というレベルにおいてほとんどが未完であるという意味である。しかし、「未発表だから」「アイデア段階だから」という理由でこのまま私が抱え込んでいたら、賞味期限が切れていく一方である。何より、私自身が今後も研究者として生き残っていける保証はどこにもない。現時点では「一例報告」「事例研究」の域を出ないものが多いが、それでもこの本の出版により、埋もれていたデータが日の目を浴びることになるのであればそのほうが良いと思って、文字数が許す範囲で書き残すことにした。

もちろん、私が勝手に「宝石の原石」だと思いこんでいるだけで、実はなんてことない「ただの石」あるいは文字通り「汗に含まれる塩の結晶」だった、ということもあるかもしれない、という点は、付け加えておく。

3章

「平和なサル」のウラの顔

平等社会を維持する努力

この章では、ベニガオザルの基礎的な生態について、出産から死に至るまで、私が実際に見てきた彼らの暮らしぶりを多角的に紹介する。

1 食べものいろいろ

サルが好む植物

ベニガオザルは雑食性である。調査地域内にはギンネムやナタマメなどのマメ科植物が多く自生しており、普段はもっぱら若葉を食べている。季節によっては、ベンガルガキやタマリンド、マニラタマリンド、イチジクの実を食べたりする。乾季になると森の中の食べ物は激減し、サルたちにとって厳しい環境になる。

私はタイに来て、初めて竹の「花」というものを見た。恥ずかしながら、竹が花を咲かせるなど、知りもしなかった。単純にタケノコが生えてきて株が増えるものとばかり思っていた。それを教えてくれたのが、ベニガオザルたちである。竹の花が咲く二〜三月頃になると、サルたちは竹林を中心に遊動するようになる。数ミリの竹の花や実を食べ歩くのである。枝に鈴なりになっている竹の

サルたちがよく利用するマメ科植物の一つが、このギンネムの木。動画では、柔らかい若葉の部分を選択的に食べている様子がわかる。　〈動画URL〉https://youtu.be/edj5XOvXDRI

実は、枝ごと口に入れて歯でしごいて効率的に食べられる。だが、地面にパラパラと落ち始めると、拾うのに地道な労力を要する。地面の落ち葉をかき分け、砂をかき分け、小さな竹の実を、一粒ずつ拾って食べるのである。こうなると竹の実の採食には相当な時間がかかる。一旦竹林で採食を始めたら、三時間くらい延々と粒拾いになる。根気のいる作業である。

　私は、サルたちが竹の実を食べる様子を見るのが好きだ。竹の実がつく乾季は気候も爽やかで、竹林を吹き抜ける風も心地よい。大きな体をしているくせに、小さな実を健気にせっせと拾っては口に運ぶサルたちの後ろ姿は、とても愛らしい。退屈な作業ゆえに、食べている途中でウトウトしてきて、お昼寝を始めるサルたちもいる。そんなのどかな風景を目の前に、私もしばし腰を下ろして、背中を丸めて地面と向き合うサルたちの様子を撮

みんなで竹の実拾い

影していると、いつのまにか私も録画ボタンを押したまま、サルたちにつられて寝落ちしたりするのである。

サルたちの昆虫食

サルたちをよく観察していると、植物以外にも結構な頻度で虫を食べているようである。調査地では、バッタやナナフシ、カミキリムシやカブトムシなどの甲虫、蝶類の幼虫など、多様な種類の虫を見かける。これらも、サルたちにとっては貴重な食べ物だ。

「虫を食べる」と言っても、具体的に何を食べたのかを判別することは難しい。草むらからなにかを掴んで食べたらしいことはわかるが、それがなにかまで肉眼で観察することは不可能だ。一瞬で終わってしまう出来事なので、仮に双眼鏡を持っていたとしても、見逃してしまう。

ある時、サルたちが木に集まって必死になにかを食べていることがあった。最初は葉っぱを食べているのだと思ったが、木の上からたくさんの葉っぱがヒラヒラと落ちてくる様子を見て、なにかおかしいと思った。どうやら葉っぱを食べているわけではないらしい。そこで、サルたちが葉っぱを口に運ぶ瞬間を望遠で撮影することにした。あとから拡大して見ると、イモムシを食べていることがわかった。葉を巻いて巣を作っているイモムシがいるらしい。サルたちの中には、わざわざ木に登らず、地面で待ち構えているものもいた。樹上でサルたちに襲われ、逃げて落ちてきたイモムシを食べているのだ。木に登る労力を費やすことなくイモムシにありつける。特に高齢の個体が取る戦略らしい。

私は、昆虫食の瞬間をいろいろと写真に撮りためてきた。昆虫食場面の撮影のコツは、サルが虫を掴むより前に、サルが虫を見つけた仕草を見逃さずに察知し、カメラを構えながらシャッター速度を少し上げることである。口に入れる直前のわずかな瞬間が撮影できれば記録成功だ。昆虫の分類が専門ではないので、種の同定までは至らないことも多いが、写真として特徴を記録しておけば、あとから分類に使える形質を見つけられるかもしれない。

中には種同定まで至った例もある。観察中に、草むらで虫を発見したらしいサルの仕草を察知した私は、望遠で虫を食べる瞬間を狙って撮影した。あとから確認すると、どうやらカミキリムシの仲間らしいことがわかった。全体的に赤茶色で、背中部分にトゲが生えた、特徴的なカミキリムシだった。後日、森の中で、今度はサルたちより先に、私がカミキリムシを見つけた。背中にトゲが生えている、前にサルたちが食べていたのと同じカミキリムシだった。そのカミキリムシを写真に撮って調べたところ、どうやら*Dorysthenes granulosus*という種らしいことがわかった。わかったところで論文になるわけではないが、こうした些細な情報の蓄積も、ベニガオザルの生態解明の上では大切だと信じて、記録を残している。

印象に残っている昆虫食は、なんと言ってもシロアリ食である。タイでは雨季の初めの頃の、夕方にザーッと土砂降りになった日の夜、森の中にあるシロアリ塚からシロアリが一斉に羽化して飛び立つ「群飛」あるいは「結婚飛行」と呼ばれる現象が起きる。とにかく、ものすごい数の羽虫が発生し、外灯に群がる。群がっているうちに羽は次々と取れて、地面にはまるまる太ったシロアリたちがひしめき蠢く。まるで地面が動いているような光景である。そんな日の翌朝、サルたちは一目散に外灯下に集まり、群がるシロアリたちを両手ですくい上げながら、ムシャムシャと食べていくのである。こういう光景を見るたびに、サルたちはちゃんと自然のことがわかっているのだなぁと感心するものだ。二年間の調査で、大規模なシロアリ羽化に出会ったのは一回だけであるが、小規模な羽化が見られた翌日にも、サルたちは決まって朝から外灯に集まってくる。私は、顔の周りに飛んでくるシロアリを払い除けながら、サルたちが黙々と食べる様子を延々と観察していた。もう一度、この光景を見たい、その時はもっとしっかりとした映像記録を撮りたい、と思っているのだが、まだそのチャンスは訪れていない。私の宿題である。

竹の実を歯でしごいて食べる

枝に実った実を歯でしごいて食べる。粒が小さくても、一度にたくさんの実を食べることができるので、採食効率がいい。一度実が枝から落ちると、拾うのに苦労する。

カミキリムシを捕まえて食べる

昆虫食はあっという間の出来事だ。俊敏に動く甲虫やバッタ類でも素早く捕まえて食べる。

シロアリを"すくい取って"食べる

大量発生した羽アリは、1匹ずつ摘んで食べるのではなく、鷲掴みのように手ですくって食べる。サルたちにとっては貴重なタンパク源だ。

食物分配の発見

ニホンザル研究に関わる研究者が、珍しい・まれな行動を観察した際に情報共有をするメーリングリストがある。ある日そこに、ニホンザルの食物分配を観察したというメールが流れてきた。研究所で同室だった先輩からだった。読むと、「ある個体が食べた食物のかけらを、そばにいた個体が拾って食べた」というのである。

この一報を読んだ私は「えっ!?」と思った。ベニガオザルでは、普通に見られる行動だ。誰かが大きな食物を食べているときに、その食べこぼしを隣の個体がせっせと拾って食べている場面は、頻繁に見かけるのである。あまりによく見るので最初はその価値に気が付かなかったが、このメールのおかげで、それが〝普通ではない〟ことに気付かされたのである。

よくよく調べてみると、食物分配というのは、私の想像以上に射程の広い用語だった。正確に言うと、広義の食物分配はFood transferという英語で表現されるものである。この行動の定義は、ある食物アイテムが所有者Possessorから受領者Recipientに移動すること、である。[1] 要するに、ある個体から別のある個体に食べ物が移動すれば、それは広義の食物分配らしい。その移動の過程によってさらに細分化され、例えば積極的な食べ物の共有や、分配をせびる行動、寛容的な食べ物の遷移、ひいては食料強奪まで含まれるようである。その中の一つに、Retrievingと言われる「他人の食べ物のかけらや食べかすを取っても怒られない」というタイプの、消極的かつ寛容な分配があるらしい。[2]

ニホンザルの場合、野猿公苑での餌付け風景を見ればわかると思うが、餌が撒かれた瞬間に、優位な個体が一帯の空間を面でおさえることで食物を独占し、近づいてくる他個体を排除する。大きな食物を獲得した時も同じで、食べ物を持っている個体の一定範囲内に近づくと追い払われてしまう。一方でベニガオザルの場合、誰かが面をおさえて食物資源を独占するということはない。また、自分が大きな食べ物を獲得して食べている時に、横にいる個体が食べかすを拾ったとしても、怒ることはなく、まったくのお構いなしだ。それどころか、自分が抱えている食べ物本体に手を出されまいとして、可食部の残った小さな欠片を遠くへぽいっと投げ捨てて、注意を逸らそうとしているようにさえ見えるのである。

カボチャちゃんからおこぼれをもらう黒澤くん。

なるほど、これは確かにRetrievingと言われる食物分配だ。しかも私の観察の印象では、ベニガオザルにおいて食物分配は決してまれな行動ではなく、よく見る行動だ。しかしながら、食物分配の有無を調べたレビュー論文では、ベニガオザルでは母子間での分配以外は起きないことになっていた。[3] 母子間の分配は、当たり前といえば当たり前である。子どもは、母親が食べているものを見て、同じものを食べながら、食べられるものを学んでいくからである。その過程で、分配を受けることもあるだろう。一方で、母子以外の、血縁関係にない他個体との間でも分配が起きるということは、マカク属では非常に珍しい。他のマカクでは起きないのにベニガオザルで食物分配が頻繁に起きるのであれば、そこにはなにか生態的あるいは社会的な理由があるはずだ。これは、データを取ればちょっとした論文になるかもしれない……そう思った私は、気がついた時に彼らの採食風景を録画し、食物分配が起きたら記録するようにしていた。

ここで具体的に、分配がどれほど普通に起きるものなのか、事例を紹介する。あるオスが、ジャックフルーツの実を食べていた時の観察事例である。一〇分の動画記録のうち、果肉の残った食べこぼしを他個体が横から取っていった分配例が、計四八回起きた。分配を受けた個体は、オス、メス、子どもを含む一二個体であった。別の例は、あるメスが、掘り起こしてきたキャッサバをせっせと食べていた時の観察事例である。一七分の動画記録のうち、キャッサバのかけらを拾って食べるという分配が計二八回起きた。分配を受けた個体は、メス三個体であった。

食物分配がベニガオザルにとっていかに普通の行動であるかがおわかりいただけると思う。短時間のうちでも、多くの個体が結構な回数にわたって分配を受けられるのである。分配が起きる食物はだいたい大きなもので、食べるのに皮をむくなどの処理が必要だったり、堅くてかじった時にかけらが飛び散ったりするものである。丸呑み可能なものについては、当然ながら分配は起きない。

これ以外にも、ベニガオザルは食物分配をするのだと気づいた瞬間から、彼らの採食風景の見え

大きなジャックフルーツの実を共有する黒澤くん(右)と鱒くん(左)。

方が一変した。

同じくジャックフルーツの実を採食中の事例だが、二頭のオスが一つの果実を一緒に持って、交互に皮をむきながら果肉を食べているのを見たこともある。これは〃分配〃というより〃共有〃である。こんなことは、ニホンザルではありえないことである。ましてや、母系社会のベニガオザルにとって、オス同士は血縁関係にない「他人」である。食物資源をめぐる競合相手と言ってもいい。そんな相手と、仲良く一緒にジャックフルーツを食べているのである。

別の事例は、二つの群れ同士が出会った時に起こった。出会いの境界領域で、オスたちが対面していた。一頭のオスがおもむろに他群のオスに近づき、相手の口の中に指を入れた。指を入れられたオスは抵抗することなく、口を大きく開けて、されるがままだった。そのオスは、そのまま相手の頬袋から食べ物をほじくり出して、なんとそれを食べたのである。これもある種の食物分配である。この様子を見て、このサルたちは一体どうなっているのだろうかと頭を抱えた。こんな観察事例が、山ほどあるのである。

食物分配を考える上で重要なことは、その食べ物の「所有権」をサルたちが認識しているかどうか、だと私は考えている。「所有権」という概念がなければ、相手が持っている食べ物を力ずくでぶん取ればおしまいである。ベニガオザルたちには、どうやらこの「所有権」の概念があるらしい。というのも、小さな子どもやメスが食べている食べ物を、たとえそれが貴重な果物であったとしても、オトナのオスが力ずくで強奪することがないからである。それどころか、隣りに座って、食べかすが落ちてくるのをじーっと待っては、小さな欠片を一生懸命に拾っている。たまに「それ、ちょうだい」と圧をかけている様子がなくもないのだが、食べ物の所有者が手放すまで、絶対に食べ物本体には手を出さない。子どもから食べ物を取り上げるのは、母親しかいない。

このベニガオザルで見られた食物分配に関するデータは、一部解析して霊長類学会で発表したことはあるが、論文にはなっていない。「食物分配が起きる」ことは確かなのだが、それがどの程度普通に起きるものなのかを客観的に提示することができないからだ。ちゃんとした論文にするには、一日の活動時間に占める採食の割合がどれくらいで、普段からどんなものを食べていて、そのうちどれくらいの頻度でどんな食物の時に分配が起きるのか、個体追跡をしながら事細かにデータを取り直さねばならないだろう。私のように片手間で事例を撮りためていたようなデータでは、なかなか論文にはできない。先行研究が少ない種、過去の蓄積がない調査地で研究をするとなると、とにかくなにか一つ報告するだけでも相当な投資を要するのである。私の身体がいくつあっても足りないと思うのは、こういう時である。

ノウサギ捕食の衝撃

ベニガオザルは、虫以外の動物も捕食するらしい。一度、巣から落ちた鳥の雛を丸呑みにした現場を偶然動画で撮影したこともある。特に興奮する様子もなく、パクッと飲み込んでトコトコと歩いていくサルのお尻を眺めながら、なんとも信じがたい光景だと思った。帰宅して動画を見るとちゃんとデータに残っているので、私が夢で見た偽の記憶ではない。

この調査地のベニガオザルは、ノウサギを捕食することも知られていた。丸橋先生ら三名の観察者が過去に三例観察している行動である。頻度は非常に低いと思われるため、私自身が見ることはないだろうと思っていた。しかし、二〇一六年一月二四日、私はついにその現場に出くわすことになった。

それは、農耕地でサルたちがキャッサバを掘り返している時に起こった。どこかから聞き慣れない「ピーー、ピーー」という動物の鳴き声が聞こえてきた。サルのアカンボウの声ではない。一体なんだろうとまわりを見渡すと、若いオスの北川くんが、脇にノウサギの子どもを抱えていたのである。

私は身体が硬直した。どうしようかと思った。

研究者としては「噂に聞いたノウサギ捕食の瞬間だ！　肉食だ！　狩猟だ！　論文が書けるかも！」と沸き立って記録を取るべきだろう。しかし私はそれ以前に、「このノウサギの子どもを助けるべきか否か」で迷っていたのである。

その時点でノウサギはサルにただ捕まっただけの状態で、捕まえたサル本人もどうしようか考えあぐねている様子だった。助けるチャンスは十分にあった。助けなかった場合の結末は目に見えている。

しかし、私は自然を観察する身である。そしてノウサギにとって、サルに捕まったという現象は、人為的に引き起こされたものではない。自然現象なのである。私はそこに関与すべきではない。そう思い直し、そこでようやくハンディカムを取り出し、三脚にセットした。とりあえず録画ボタンを押したものの、その手が震え、三脚への固定に手間取ったせいで、最初の数十秒間、画面が揺れていた。

そうこうしているうちに、ノウサギの鳴き声に気がついたオトナオスの若宮くんが、北川くんからノウサギを取り上げた。そこからはあっという間だった。背中に噛み付いて、皮を引きちぎった。全身の皮がきれいにズルっと剥けて、肉の塊になった。ノウサギは生きたまま皮を剥がれ、断末魔の悲鳴をあげながら、悶絶のうちに絶命したのである。

ノウサギの肉食の様子は、その後約一〇分間続いた。その間肉片は、若宮くんから近藤くんへ、近

藤くんから赤斑くんへ、と三個体のオトナオスの手に渡った。肉の分配である。チンパンジーでは、肉の分配行動は主要な研究テーマの一つである。誰が狩りに参加し、その後、誰の手にどれだけの肉が分配されたのかは、ヒトの祖先の狩猟採集生活を考察する上で重要だからだ。その行動とよく似た現象が、ベニガオザルでも起きたのである。これは、丸橋先生の観察では確認されていない新情報だった。肉片をもらう前には決まって、睾丸を握り合うなどの社会交渉が見られたのも興味深い。類人猿で見られるような、ある種の物乞い行動のような機能を持っているらしいからだ。

しかし、私はこの事例を見て、喜びや興奮といった感情はまったく湧いてこなかった。ベニガオザルの生態を理解する上で、こうした観察事例を積み重ねていくこと自体は重要であるし、それこそが自分の仕事であるという自覚もある。ノウサギの捕食自体はすでに観察された行動だが、肉の分配は今回が初めての観察だったので、それをしっかりと記録に残しつつ、論文化できるように努力することが私の責務だ。しかし、ここで研究者としての自分と、その属性を離れた個人としての自分との間で、葛藤が生じる。「私は、目の前で一つの命が奪われていくのを、研究者のエゴで傍観しただけではないのか」と。

畑に残された無残な亡骸を見て、さらになんとも言えない気持ちになった。それは、「食べた」と言うには程遠いほど肉が残っていた。この子ノウサギは、食べられるために死んだのではないのか。サルは、食べるために命を奪ったのではないのか。ただ残酷に殺されただけではないのか。やはり助けるべきではなかったのか……。一連の行動をビデオに収め、サルがノウサギの亡骸を畑に残して移動を始めた頃には、すっかり精根尽き果て、それ以上追跡する気力がなかった。

私はノウサギの亡骸を回収し、帰路についた。ボロボロと泣いていた。調査地の職員さんが総出で出迎える。なにかあったのかと、みんな心配したらしい。

「サルが、ノウサギを食べた。ノウサギが死んだ。」

片言のタイ語でそう言いながら大泣きしている私に、職員さんたちは困惑していた。成人した男が、ノウサギの死体を抱えて泣いている。なんとも奇妙な光景に、かける言葉もなかったようだ。

「マイペンライ　ナー（しょうがないよ）」

このタイ人特有の万能言葉、「マイペンライ」が、こんなにも薄っぺらく響いたことはなかった。

私は亡骸を火葬し、土に埋めた。犬たちに掘り返されないように、大きな石を運んできて、墓石とした。心の整理がつくまで、毎日、墓周りの落ち葉を掃いて、調査に出る前にお参りをした。以来、たびたびこのノウサギ食の現場が夢に出てくるようになった。あの時の子ノウサギの断末魔の悲鳴は、今でも頭にこびりついている。助けるべきだったのではないか？　虫なら食べられても良くて、ノウサギはダメなのか？　その線引きはどこか？　未だに自問する。おかげで一連の行動をすべて動画で記録しているにもかかわらず、その分析は一向に進まない。仔ウサギの悲鳴をもう一度聞き、その死にゆく姿を秒単位で記載する勇気がないのである。論文を書かなければ、それこそノウサギは無駄死にだと思う人もいるかもしれない。本当にそうだろうか？　論文に、そこまでの価値があるものだろうか。

野生動物の研究をしていると、こういう現場に幾度となく遭遇する。これは、動物が好きで動物の研究をしている人間にとっては一番辛い体験である。出産直後に置き去りにされたアカンボウ、感染症で弱りながら死んでいくサル、致命傷を負って藪の中で苦しみながら死んでいくサル……私が彼らの最期に立ち会ったその風景は、決して忘れることがない。助けることができない無力さを、「これが自然の摂理だから」「自分は獣医ではなく行動観察者なのだから」と片付けることは容易ではない。きっとこれからも、私はこういう場面に出くわしては、泣きながら悩み続けることだろう。それでも、失われつつある生命を目の前にして、「やった！　これで論文が書けるぞ！」と諸手を挙げて喜ぶ研究者にだけはなるまい、と心に誓っているのである。

ノウサギ捕食事例のその後

　このノウサギ捕食の観察事例は、長らく私の心の奥底に封印していた。しかし、今回本を書くにあたり、どうしても書かねばならない出来事だったので、写真を掘り返し、状況の再整理をすることになった。時間の経過とともに心の整理がついたこともあるが、当時以上に調査地の環境に関する情報も増えてきたので、これを機に一度、改めてこの事例について、ベニガオザルの生態という観点から考察してみたい。

　まず、私の調査地には、思いの外いろいろな種類の動物が生息していることが、のちの調査の副次的な成果として明らかになった。私の印象では、この調査地に住んでいる哺乳類は、ベニガオザルとこのビルマノウサギを除けば、せいぜいスローロリス（ベニガオザルがスローロリスと樹上で出会った際の様子を記録したことがある）とクリハラリスと思われるリス（いつも樹上で枝から枝へと走り回っている）くらいだろうと思っていた。ところが、カメラトラップを用いた調査を実施するようになると、この保護区に生息する野生動物の情報が一気に増えた。五か月ほどの調査で、上記の他にドール、スマトラカモシカ、ベンガルヤマネコ、マレーヤマアラシ、インドキョン、インドブチジャコウネコが確認されたのである。これだけの動物がこの狭い地域に生息しているのであれば、サルたちとはそれなりに出会う機会もあるだろう。

　この中で、カメラトラップで撮影される頻度が圧倒的に高いのが、ビルマノウサギだった。野生動物が撮影された映像データの四割弱をビルマノウサギが占めており、複数頭が走り回っている様子も撮影されていた。この地域で、ベニガオザルの捕食対象になりそうな体サイズの哺乳類で、かつ生息密度が高い種といえば、ビルマノウサギくらいしかいないらしい、ということになる。だからといって捕食する必要があるとも思えないが、過去に丸橋先生ら三名の研究者が、この調査地の集団で三例のノウサギ捕食（未遂一例含む）を観察していることからして、少なからぬ数の個体がノウサギを採食品目の一つとして認識していることは間違いなさそうだ。

過去三例の傾向と今回の事例で大きく異なるのは、以下の二点だ。

①肉の消費量

過去の観察事例では、肉食は最低七分半は継続し、毛皮を除く肉（内臓も含む）の大部分が消費されたと記録されている。一方で私の観察事例では、一〇分を超える採食時間があったにもかかわらず、小さな肉片をチビチビと齧っているだけで、内臓も残されており、肉はほぼ手つかずのままであった。

②肉食に関わる個体数

過去の観察事例では、肉を食べるのは捕獲した個体のみで、他個体によるノウサギの収奪や、肉片などの残渣の拾い食いはなかったとされている。これを基に、群れのなかで肉食経験のある個体は少なく、「ノウサギは食物である」という認識は低いのではないか、と結論している。一方で私の

肉の分配を待つ赤斑くん(左)

観察事例では、最初に捕獲した個体と捕食を始めた個体は別であり、獲物の収奪が確認されている。また、分配行動が観察され、複数頭のオトナ個体の手に渡っている。このことから、少なくともオトナ個体の中にはノウサギを食物として認識している個体が複数いる、ということになる。

こうして改めて整理してみると、肉の分配が初めて観察されたという点は、意外と興味深い発見だったかもしれない。過去三例のうち、最初の観察が二〇〇八年一月、最後の観察が二〇一一年一二月で、少なくともこの頃のベニガオザルたちの中でノウサギを食物と認識している個体は少なく、本当にごく一部しかいなかったのだろう。この三例の事例に関わった個体の識別情報がないので正確なことはわからないが、〃五歳のオス〃と〃オトナメス〃が捕食したと記録されているので、少なくとも二個体はいることに間違いない。それが、私の二〇一五年の観察によって、少なくとも三頭のオトナオスもノウサギを食物として認識しているらしいことが明らかになった。もしかしたら、この三頭のオスのうちの一頭は、二〇一一年に肉食を経験した〝五歳のオス〟かもしれない。

もちろんこれは非常に限られた断片的な情報を無理やり継ぎ合わせた考察なので、論文に書いて主張してもなかなか認められないだろう（二〇一一年の〝五歳のオス〟が誰なのか、判別する手段がないのが残念である）。しかし、仮に今、現在進行形で、ベニガオザルの集団の中で「ノウサギという動物は食べ物である」とする認識が社会学習を通じて伝播している最中だとしたらどうだろう。五年後、あるいは一〇年後には、今よりももっと高い頻度でノウサギの捕食が見られるようになり、他の食物と同様に分配が盛んに見られるようになるのかもしれない。

もう一つの違いである、なぜ私の観察事例ではほとんど肉を食べていないのか、という点に関する考察には窮するが、もしかしたら、「ノウサギを食べることができることは知っているが、その食べ方までは知らない」ということかもしれない。過去に誰かがノウサギを食べていたのを見て学習した個体が、自分でも食べてみようとしたのはいいものの、どこをどうやって食べたら良いのかまだよくわからず、学習の最中なのである、という考察は、ちょっと苦しいだろうか？　読者のみなさんの仮説があればぜひお聞きしたい。

今回私が確認した三頭のオスたちを中心に、今後この群れでノウサギ食が広まっていく過程を追えるようなデータが取れれば、研究としてはとても興味深いことである。すぐには論文にならなくても、こうした事例を積み重ねながら、あれやこれや考えることは非常に楽しいものだ。しかし、個人的にはやはり、ベニガオザルたちの学習スピードに負けないように、ノウサギたちには素早く逃げる練習を積み重ねてもらいたいと、心の片隅で思っている。

2 白黒つけない社会のルール

やられたらやり返す

ベニガオザルには、明確な順位関係がない。これを平等的社会という。マカク属サルの社会は大きく二つのタイプに分けることができる。順位関係が厳格な専制的社会(Despotic society)と、順位関係が曖昧な平等的社会(Egalitarian society)である[4]。マカク属サルはみな、メスは生まれた群れに留まり、オスが群れから出ていく母系社会をもつため、この社会タイプの分類には主にメスの行動指標が用いられる。例えば、メス同士のケンカの頻度がどの程度か、反撃行動はあるのか、メスの個体間関係に家系の影響がどれほどあるのか、などである。

ベニガオザルを見ていると、「順位関係」なるものを感じない。ニホンザルの場合はまさに家系ご

普段のケンカではお互いの毛を引っ張ったり、叩いたりするだけのことが多い。

とに順位がはっきり決まっていて、低順位家系のメスは本当に辛い境遇だと感じたことがあるが、ベニガオザルの場合、特にメスにはそれがまったくない。どの個体も好き勝手に振る舞っているし、ケンカを売られたら買って出る。叩かれれば叩き返すし、噛まれれば噛み返す。「順位関係がはっきりしない」社会というのは、この場合「やられたらやり返す」社会なのである。どっちが優位とか劣位とかいう感覚がないので、相手に遠慮する必要がないのだから、当たり前である。

そもそもサルの順位関係はどうやって把握するのか。一番確実なのは、〝ピーナッツテスト〟と呼ばれる古典的方法である。個体Aと個体Bの間にピーナッツを置いて、先に取ったほうが強いと判定する。これは、劣位者が優位者に遠慮するという性質を用いている。しかし、研究者自身によるこうした〝餌付け〟行為は、野生動物を対象とした研究では実施できない。そこで野外調査では、ケンカの勝敗を記録する星取り表というものをつける。誰と誰がケンカし、どちらが勝ったのか。これを、すべての個体総当たりで記録を積み重ねていくと、だんだん順位関係が見えてくるというものである。しかし、ベニガオザルの場合は、この星取り表の記録がなんとも困難なのである。先述の通り、やられたらやり返すので、反撃がある。ベニガオザルのケンカは、相手の顔を平手打ちしたり、毛を掴んだり、威嚇し合うという程度のものであることが多い。そうやって二個体がやり合っているうちに、野次馬が集まってくる。そうなるとケンカの火種が周囲にも飛び火し、あちこちで新たなケンカが起きる。もはや誰と誰が、なぜケンカをしているのか、わかったものではない。おまけに、気づいたらしれっとケンカが収まっている。誰が勝ったのか、誰が負けたのか、そもそも彼らのケンカに勝敗なるものがあるのか、さっぱりわからない。これでは星取り表などつけられないのである。

オスに関しては、なんとなく強いオスと、なんとなく弱いオスと、強いのか弱いのかよくわからないオスという、三分類まではできる。なんとなく弱いオスは明確である。いつも群れの後ろの方から、一定の距離を保ってついてくるオスたちがいるのだが、彼らがそうだ。群れ全体が採食している時は遠くからその様子を眺め、みんなが移動したあとにその食べ残しを急いで頬袋に詰め込んであとを追いかけている。社会的順位で言えば、まさに、弱いと言える。なんとなく強いオスたちは、いつも群れの中心にいて、よく交尾が観察されるオスたちであるとみて間違いないだろう。しかし、なんとなく強いオスたちの中で、一位、二位、三位……と順位がつくのかと言うと、そうはいかない。ケンカが起きてもあちこち飛び火して一対一では済まないし、途中で急にやめてしまうこともある。どうやって記録を取れば順位関係なるものがハッキリとわかるのか、私にはアイデアがない。

本書では暫定的に、このベニガオザルの順位関係について、交尾成功と集団内の空間配置という二つの指標をもとに判断している。交尾成功については、ケンカの場面での勝敗のデータが取れないので、代わりに、社会的順位の強弱を反映しているであろうと思われるメスへのアクセス権、つまり交尾成功をもとに判断しようというアイデアである。集団内の空間配置については、131ページで紹介する隊列構造データをもとに、群れの中心部にいるのか周辺部にいるのかを区別するというアイデアである。群れの中心部にいて、交尾成功の高いオスは「強いオス」であり、中でも最も交尾に成功している個体は「中心オス」、群れの周辺部にいるオスは「弱いオス」ないし「周辺オス」と仮称することとする。

しかしこの点は、私が論文出版でいつも苦しめられている、いわば査読における難関である。「星取り表をつけないなんてダメ！」と一蹴され、即リジェクトを食らうのである。どこの雑誌に出しても、査読者から毎度同じコメントを喰らい続ける。「そんなことを言われたって、ベニガオザルではそんなものつけられないですよ」と毎回思うのだが、なかなか理解は得られない。なんとなく強いオスと、なんとなく弱いオスがいるのなら、何らかの形で順位は存在しているので、それを区別する指標があるはずなのは間違いない。私は暫定的にそれを交尾成功で代替しているのだが、データの解釈をするうえで、改善の余地は大いにある。ベニガオザルのオス間の順位に関する問題は、今後の研究で解決したい問題の一つである。

和解行動

順位関係の判別がつかないもう一つの理由に、和解行動があげられる。ベニガオザルには、和解行動に多様なバリエーションがあって、いろんな行動でケンカを手打ちにする。例えば唇をくっつけたり、相手の肩に手を乗せたり、オス同士なら相手の睾丸を握ったりする。とにかく、なにかしらの行動が合図になって、ケンカが中断するのである。

最も頻度が高いのは、腕を噛む行動である。腕を噛む、といっても、真剣に噛みつくわけではない。甘噛み程度の噛み方で、これによって相手が傷を追うことはない。ケンカ中、ふと動きを止めて、一方がスッと腕を差し出す。そうすると、他方が差し出された腕を噛んで、ケンカが終わる。この場合、腕を噛んだほうが優位なのだろうか？　それとも、腕を差し出したほうが優位なのだろうか？　どちらにも解釈可能なのである。実際に観察していると、腕を噛んだり差し出したりする側というのは、その時々で異なる（すべての個体の組み合わせにおいてこの行動を記録できているわけではないので、現段階では断言できないのだが）。そもそも、順位関係がはっきりしないので、腕を差し出す方

なのか噛む方なのか、どちらが優位な個体が取る行動なのかを議論することすら難しい。謎は深まる一方である。

ちなみに、この和解行動の多様性と「平等的社会」とが混ざると、一般的にはこれが「平和主義」と結びつくらしい。ベニガオザルのことを「平和主義的サル」と表現するものをたびたび見かける。広い意味では間違いではないが、厳密に言えば、正確ではない。

平等的であるから、すなわちそれは平和的である、という人間的発想に基づく解釈は大きな間違いである。やられたらやり返す社会のどこが平和だろうか。順位関係が厳密に決まっていて、弱者が強者に絶対に逆らわないことによって衝突の発生が回避されている専制的社会のほうが、ある意味で平和ではないか。抑止力によって戦争を未然に防ぐ、国際関係論のそれとまったく同じ理論である。

やられたらやり返す社会の中で、ベニガオザルたちがバラバラにならず集団の秩序を保って暮らせている理由は、平等だからではない。平等な社会だからこそ起きてしまう争い事を、彼らが彼らなりに努めて回避しようと工夫しているからである。順位関係があいまいで衝突が起こりがちな社会でどうやって平和を維持していくか、という問題に対するベニガオザルたちなりの一つの工夫や努力の表れが、和解行動の洗練なのだ。

仲間への気遣い

ベニガオザルは、共感力が非常に高いサルのように見えることがある。これは決して研究対象を贔屓目に見ての発言ではない。観察の端々で、確かにそう感じることがあるのである。

それを強く感じるのが、怪我をした他個体の様子をわざわざ見に来るときである。ケンカで怪我をした個体がいると、いろんな個体がひっきりなしに様子を見に来る。怪我の具合を覗き込んでは、傷口を舐めてあげたり、血で固まった毛を毛づくろいして掃除してあげたりするのである。

この行動を人に説明すると、「単に血の味が美味しいだけだ」とか、「貴重な鉄分摂取だ」という人がいる。確かに、合理的で、客観的で、「科学的」に聞こえる見解である（根拠があるわけではないのでいずれも推測の域を出ない）。しかし、彼らの日々の行動を見ていると、単にそれだけではないと強く思うのである。

額に怪我を負った張尾くんの様子を見に来る群れの仲間たち。

観察初期の二〇一五年九月二五日、Ting群を観察していると、小さな子どもが足の骨を折る大怪我をしていた。折れた骨が皮膚を突き破り、自力での歩行が困難な状況だった。しかし、母親の姿は見えなかった。察するに、交通事故にあってしまったのではなかろうか。まだ調査を始めたばかりだったので、その子が誰で、その子の母親は誰かまではわからなかったが、まだ毛色が変わり始めたばかりの、一歳未満の子どもだった。こんな状況なら、普通は母親が抱いて運搬していても不思議ではない。もしかしたら、母親は事故で死んでしまったのかもしれない。

なんということか！　どうしよう！　慌てふためいていた私だが、様子を見ていると、どうやらこの群れの中心オスの武田くんが、付きっきりで世話をしているらしかった。群れが移動

怪我を負った子ども

左足を骨折し、折れた骨が皮膚を突き破って露出している。右腕にも裂傷が見られ、自力で群れの移動についていくのは極めて困難な状態であった。

怪我をした子どもを抱く武田くん

体の大きな武田くんが子どもを抱えて、ぎこちない足取りで歩いている様子。この後数日にわたって子どもを抱えていた。

する時は、その大きな懐に子どもを抱いて、慣れない足取りでせっせと運んでいた。傷の様子を覗き込んでは、また抱きかかえ、ずっとその子どもから離れなかった。その後も数日間、武田くんは子どもを運び、世話をし続けていた。血の匂いを嗅ぎつけた犬たちに子どもが襲われそうになった時は、しっかりと子どもを片手で抱きかかえながら、犬たちと戦ったのである。

残念ながら、その子どもは次第に衰弱し、三日ほど経つ頃にはついに見ることはなくなってしまった。

武田くんが負傷した子どもの世話をする様子を見ながら、私は感動して何度も涙ぐんだ。自分の子であるかどうかもわからないのに、自分の群れで負傷した子どもを精一杯世話した。中心オスとしての責任を全うしたのである。負傷した子どもも、武田くんがいてさぞ心強かっただろう。致命傷を負って、おまけにお母さんともはぐれてしまったのだ。誰からも世話を受けられなければ、そのまま孤独に死を迎える。でもこの子どもは、武田くんという立派なオスのおかげで最期まで世話を受けることができ、頼れる懐に抱かれながら、安らかにあの世に旅立ったのではないか。そう思わずにはいられない出来事だった。

こうした事例も、この一例なら擬人化極まるタダの妄想だと笑われるかもしれない。しかし、同じような事例が、もう一例ある。

二〇一八年の年末に実施した、短期調査での出来事だった。私は、バンコクで開かれた学会に参加したのち、調査地の様子を確認するために数日間の日程で調査地にやってきた。その年の夏にN

HKが「ダーウィンが来た！」という番組で取材していた、カリンというメスが生んだ子どもの様子を確認するのも任務だった。「ダーウィンが来た！」では、群れに溶け込めないメスのカリンちゃんが、子どもの出産をきっかけに集団の輪の中に入っていく様子を描いた。初産だったカリンちゃんは、当初は子どもの抱き方もよくわからない母親だった。その後どうしているだろうか、ちゃんと子育てできているだろうか、と心配だったのである。

調査を開始し、カリンちゃんの群れを見つけることができたが、大変な事態になっていた。なんと、カリンちゃんの子どもが、自力では歩けない怪我を負ったようだった。足が腫れ上がり、交差して絡まっている。すっかり衰弱していて、鳴き声も弱々しい。誰の目に見ても、瀕死だった。この時は数日しか調査日程が確保できなかった私は、なぜそんなことになってしまったのか、怪我の状態はどんな具合なのか、詳細がわからないまま、調査を終えることになってしまった。正直なところ、もうだめだと思った。

翌二〇一九年四月、今度は「ワイルドライフ」という番組の取材で調査地に戻ってきた私は、撮影隊と一緒にカリンちゃんとその子どもを探すことになった。期待は薄かった。四か月も経っている。とっくに死んでしまっただろうと思っていた。ところが、必死の捜索の後ようやく発見したカリンちゃんは子どもを抱いていた。その子どもは、元気に自力でも歩けるまでに回復していた。背中に傷跡のようなものがあるし、同年代の他個体と比べてもちょっと小ぶりだったが、生きていた。この復活の理由を探ろうと撮影隊とともにカリンちゃん親子の観察を続けた結果、どうやらカリンちゃんと同じくらいの年齢のオスが、カリンちゃんの子どもの世話を助けていたようなのである。その詳細は、ぜひ「ワイルドライフ」の番組アーカイブを見ていただきたい。涙なしには見られない、奇跡の物語である。

これらの事例からわかることは、ベニガオザルたちは、相手がどういう状況にあるのかということを、客観的に認識できているのではないかということである。誰かが怪我をしていれば、様子を見に来る。怪我をした子どもの母親が見当たらなければ、オスが代わりに世話をする。初産で子育てに苦戦しているメスが危機に直面すれば、群れの誰かが援助する。こうした事例の数々に、私は、彼らの共感力を信じずにはいられないのである。私が認知科学者だったら、実験でもして彼らの共感力を定量化し、私の妄言でないことを証明したいところである。

森の中を進む隊列

この調査地のサルたちには、珍しい習性がある。森の中を遊動する際に、一列になって移動するのである。

これはなかなかに面白い現象だ。ベニガオザルはマカクの中では比較的大規模な群れを作って生活している。私の調査地では七〇頭前後が平均的だが、Ting群のような一二〇頭もの大きな群れもある。個体数が多いにもかかわらず、彼らは非常にまとまりが良い。みんなが一列になって森の中を歩いていく姿は、圧巻である。なぜ一列になって歩かねばならないのかはわからない。私は勝手

カメラトラップで撮影したFourth群の隊列通過の様子。サルたちが一列になって森の奥からやってきて、カメラの前を通過していく。01:30ごろ、この群れの中心オスの張尾くんが後方を振り返り、仲間がついてきているかどうかを確認しているようにも見える。張尾くんの後方に子どもたちが複数連れ立って移動していることもよくわかる。 〈動画URL〉https://youtu.be/7100TEUVIvY

に「彼らはお行儀のいいサルだからだ」と主張しているが、これは科学的な回答ではない。一列になって歩く場所に特有の環境的特徴というものはないし、なにか目立った危険地帯であるわけでもない。実際のところはサルたちに直接聞くしかない。

私は初めてこの光景を目にした時、これは好都合だと思った。先頭個体からビデオに撮れば、通過個体をすべて録画できる。あとでビデオを見ながら性年齢を判別して数を数えれば、その群れの個体数と性年齢構成が把握できるのである。

そうして記録を撮りためているうちに、この現象には個体数カウント以上の価値があると思い始めた。というのも、霊長類における隊列構造は、社会構造を解明する上で有効な分析対象だったからである。隊列構造の研究は、チンパンジーやヒヒなどでいくつかの論文がある。多くの場合、森林ギャップや車道など、横断にリスクを伴う場面での観察事例がほとんどだ。開けた危険な場所を横断する際に、彼らは一頭ずつ、安全を確認しながら順番に横断していく。そのため、「先陣を切って危険を把握する個体」「安全を確保するため他個体の横断を見守る個体」「最後尾でしんがりを務める個体」など、役割分担が表面化する。こうした横断時の通過順序を解析することで、集団内部の構造や、各個体の役割が見えてくるのである。

ベニガオザルの場合、こうした事例と比べると、森の中なので特段危険な場所ではない。彼らは普段の遊動時から、隊列を形成して移動している。「危険である」という特殊な文脈でなくても形成される隊列構造を分析すれば、より自然な状況で、個体間関係や集団内部の構造が読み取れるのではないか、と考え始めた。

しかし、そういう目線で記録を始めると、苦労することがあった。サルたちの隊列を見つけたら、まずは先頭個体に追いつかねばならない。おまけに、先頭に追いついて正面でビデオカメラを構えると、サルたちは私を迂回するようにルートを変更する。この過程で、若干順番が入れ替わったり、列が乱れたりする。人間がその場にいては、彼らの隊列の順序に影響を与えてしまうのである。

二〇一九年の調査の折、私は自動撮影カメラ、いわゆるカメラトラップを用いた調査をする機会に恵まれた。本来の目的は、彼らの自然の様子を自動撮影カメラで撮影し、ＡＩ（人工知能）技術を使って個体識別から行動タイプの判別まで自動で解析するプログラムを作ろう、というものだった。しかし、せっかく森に自動撮影カメラを仕掛けるのであれば、隊列をなして移動していく様子も録画したい。自動撮影カメラなら、彼らの移動に影響を与えることなく、隊列が通過していく様子を撮影可能だ。私はさっそく、サルが通過するポイントを数か所選定した。サルたちが通過する様子を真正面から記録できるようにアングルを調整し、カメラを設置した。

撮影成果は上々だった。初期こそカメラを気にする個体や、いじってアングルを変えたり、固定していたワイヤーロープをいじったりする個体がいたが、それもだんだん落ち着いてくると、隊列が通過する自然な様子がバッチリ撮影できるようになってきた。

カメラトラップによる記録には課題もあった。第一に、カメラの撮影は動体検出によって始まるのだが、誤作動が多い。木の枝が風に揺れるだけで撮影したり、木漏れ日がチラついただけで撮影したりするので、記録されたものの多くが無意味な動画ファイルである。その誤作動のせいでバッテリーとメモリーの記憶容量を浪費するため、電池交換・メディア交換は頻繁に行わなくてはならない。私は週に一回、バッテリーとSDカードの交換をおこなっていたが、場所によっては三日でバッテリーが空になって動作が止まっていることもあった。第二に、動体検出から撮影開始までの間に、数秒間のトリガースピードと呼ばれる時間遅延がある。私が使っていたモデルでは、このトリガースピードは公称で〇・六五秒なのだが、実際の動画を見ると、どうも数秒はありそうなのだ。センサーの反応距離は二五メートルだが、実際には森の中は枝葉が茂っているので二五メートルの距離から検出するのは不可能だ。しかし、カメラの手前五メートル範囲内の枝葉は打ち払ってあるので、理想的には、遠くからやって来た先頭の個体がカメラから五メートル範囲内に入った瞬間から撮影を開始してほしい。だが、実際の映像では、映像の冒頭ですでにカメラのすぐ目の前まで来てしまっていたり、顔が見える範囲を通過してしまっている個体のお尻がちらっと見えるだけだったり、というものが少なからずある。つまり、「真の先頭個体」を撮り逃すことが起きる可能性は十分に高い。第三に、トリガースピードとは別に、リカバリータイムと呼ばれる時間遅延がある。私の使っていたカメラでは、動画の最長録画可能時間は二分である。二分を超えると、一旦録画を止めてファイル保存し、別ファイルとして撮影を開始するのだが、このファイル間の時間的空白をリカバリータイムという。これも公称では二秒なのだが、実際の録画されたファイルを確認すると、数十秒から一分以上の間が空くこともある。つまり、「隊列中盤の個体順序」を撮り逃す可能性が高い。

多くの場合、隊列通過時間は六分前後であることが多いので、こうした部分的欠落が二〜三回は発生するのである。これらの課題は、撮影感度の調整や、使用するSDカードを書き込み速度の速い上位モデルに交換することによって一定の対処が可能だ。しかし、トリガースピードとリカバリータイムはゼロにはできない。データに欠損ができてしまうことは、やむをえなかった。

こういったタイプのデータの場合、対応策は一つしかない。とにかく数を稼ぐのである。ひとつひとつのデータには欠損が含まれていたとしても、それを何十例、何百例と積み重ねて傾向を分析すれば、各データの欠損を補うことができる。幸いなことに、ベニガオザルの隊列移動はまれな行動ではないため、一日に何度も隊列が記録されることも珍しくない。三か月の調査でも十分すぎるほどのデータが集まったのである。

カメラトラップの機能に依存する制約のために、「先頭は誰か」という群れ遊動の意思決定に迫るような解析や、フルシークエンスでの状態遷移（例えば、オトナのオスは必ず先頭に現れる、といった順序規則など）は分析できない。しかし、「誰と誰が隣接して移動しているか」「隊列全体のおおよその位置関係」は、断片データからでも分析可能だ。そこで、通過順序をすべて解析し、そのデータをもとに個体間関係のネットワーク図を作ることにした。

隊列構造から見えてきたベニガオザルの社会構造は、私の観察の印象と非常によく合致していた。まず、特徴的な結果は、隊列末尾に複数のオスたちがまとまって出現するという結果である。彼らは社会的順位を当てはめるなら「なんとなく弱いオスたち」である。その多くは、別の群れから移入してきたオスと、若いオスたちである。末尾周辺の順番こそ入れ違うことはあるものの、固定メンバーが最後の方にまとまって出てくる。これは、ベニガオザルの事情に沿った社会的順位の解釈への理解を得るための突破口だ。社会的順位を優劣によって「高順位」「低順位」と規定することも重要だが、一方で「優劣のみ」に着目していても社会構造全体を理解することはできない。群内における個体の空間配置は、優劣関係以外にも、個体間の親和関係や血縁関係などを反映している可能性は高い。優劣関係が曖昧な平等的社会をもつベニガオザルの特徴に合わせて、オスの属性を「中心オス」「周辺オス」と規定するほうが現実的なのではないか、と私は考えている。

隊列末尾以外に注目すると、特定のオスとメスを含むまとまりが、いくつか集団内に存在しているらしいことも判明した。オスについては、交尾成功が高い、いわゆる「強いオス」に分類されるオスたちが勢揃いするまとまりが一つある。群れの「中心」とも言うべきまとまりだ。そして、それ以外の「強いとも弱いとも言い難いオスたち」が二〜三派に分かれ、それぞれのまとまりに収まっている。

メスに着目すると、隊列末尾のまとまりに出てくることは極めてまれで、末尾以外のどこかのまとまりにみんな収まっている。それがどうやって分かれているのかはわからないが、遺伝的な血縁度データを当てはめても明確な相関関係が見られないあたり、家系ごとの集まりではないらしい。すべてのメスの血縁度を調べられたわけではないので断言はできないが、家系ごとに順位が決まっている専制的社会と違って、平等的社会をもつベニガオザルではメス同士であっても家系的つながりはさして重要ではないのかもしれない。それよりはむしろ、ママ友（145ページ参照）の派閥や、普段からの親密度といった関係に基づいてまとまりが分かれているらしい。

この予備解析は、三か月の間にまとまって収集されたデータであるため、季節変化や個体の属性変化が社会構造に与える影響までは分析できない。例えば、「子どもを生んだメスはママ友会に参加することで群れの中心部に移動する」という観察印象が、実際の隊列構造から見た社会構造のまとまりの移動、つまり「まとまりAにいたが出産を機にまとまりBに分類されるようになった」という形で検出可能かどうか、といった課題については、今後の長期にわたるデータの蓄積を待たねばならない。しかしながら、隊列構造から社会構造を解明することが可能らしい、という成果は非常に大きい。

観察していて直感的に「面白い」と思う現象には、必ずなにかある。この隊列を録画していた当初は、特に具体的な分析方法に関するアイデアはなかった。隊列構造からの社会構造の解析研究にはずっと興味があったが、カメラトラップを導入した経緯はもともとAI技術を使った自動解析計画の一環だったので、隊列構造の解析はそもそも研究目的ではなかった。個人的な興味として、おまけ程度の認識で、サルたちがお行儀良く一列で移動する様子を自然体で記録したいと思っていた程度だった。それがいつの間にか、紆余曲折を経て、具体的な研究になった。

大切なのは、面白いと思ったアイデアを可能な限りデータとして収集しておくことだ。あとになって誰かに「それ、できるよ」と言われた時に、「あ、じゃあ今度データ取ってきます」ではチャンスを逃すことになる。その時が巡ってきた段階で、スッと出せるデータをどれほど持っているかで、その後の展開が大きく変わってくるのである。

3 平和を守る白い赤ちゃん

出産育児

ベニガオザルのアカンボウは真っ白い毛色で生まれてくる。文字通り、無垢な容姿でこの世に生を受けるのである。

ベニガオザルの繁殖には季節性がなく、一年を通して出産が見られる通年繁殖である。メスの排卵周期はおよそ三〇日で、妊娠期間はおよそ一八〇日とされている。新生児は体重およそ五〇〇グラム前後で生まれ、その後一〇か月ほどは母親からの授乳などの世話を受ける。生後半年くらいから毛色が徐々に白色からオトナと同じ色に変化し始め、一歳を迎える頃には完全にオトナと同じ色に変わる。

サルの仲間の中で、幼児期にオトナと異なる特徴を有する種は珍しくない。葉食者のコロブス類などは、アカンボウは金色や白色の毛色をしている。チンパンジーのコドモも、尻尾の毛が白い。しかし、現生で二〇種ほどとされるマカク属の中で、こうした幼児期特有の顕著な毛色特徴が見られる種は、クリーム色の毛色で生まれてくるチベットモンキーと、真っ白な毛色で生まれてくるベニガオザルだけだ。

ベニガオザルのアカンボウは、なぜこんな派手な毛色で生まれてくるのだろうか。森の中で、白色の毛色のアカンボウは相当に目立つ。天敵にも狙われやすい。そんなリスクを伴う形質が進化するのであれば、何らかのメリットがあるはずである。参考になる情報として、コロブス類における研究では、アカンボウの毛色の派手さは、オトナ個体の注意を引き、特段の世話が必要な時期かどうかを弁別するシグナルとして機能しているのではないかと言われている。目立つアカンボウを放置すると、天敵に襲われてしまう。よって母親は、アカンボウのことを常に気にかけていないといけなくなる。また、周囲の個体も、アカンボウの色が派手なうちは、注意して見守らなければならない。その結果として、アカンボウはより手厚い保護を受けることができる。自らを危険に晒す特徴のために、より多くの世話を引き出すことで生存率が高まっているのではないか、という発想である。実際に、こうした種では、アロマザリングと呼ばれる、母親以外のオトナ個体からの養育行動も併せて見られることが多い。母親ひとりで手厚い育児をおこなうのは相当な負担であるが、他個体からの援助を得られれば、無理はなくなる。まさに「子に過ぎたる宝なし」、アカンボウは集団全体で育てていくもの、ということだろう。

ベニガオザルのアカンボウ

生後2週間ほどのアカンボウを抱く母親。モノクロ写真でもはっきりとわかるほど、オトナの毛色とは対照的な真っ白な毛色をしていることがわかる。母親に抱かれている間はずっと乳首をくわえているので、メスの乳首は伸びてしまう。育児経験豊富なメスほど乳首が長いので、育児歴の有無が推測できる。

この論理で考えると、アカンボウが真っ白な毛色で生まれてくるベニガオザルにおいても、アロマザリング行動が他のマカクよりも高頻度で観察されて然るべきである。しかしながら、不思議なことにそうした行動はほとんど観察されない。まれにオスがアカンボウを抱いて運ぶ様子が見られるが、アロマザリング行動と呼ぶには圧倒的に頻度が低い。これからすると、コロブス類のように、他個体からの手厚い保護を受けるために白い毛色をしているわけではなさそうである。

では、その分母親がひとりで〝ワンオペ育児〟を頑張っているのかと言うと、そうでもない。ニホンザルと比べてみても、ベニガオザルの母親の育児スタイルは「放任主義」だと言っても過言ではない。それも結構な放任ぶりである。ニホンザルだと、アカンボウが母親から少しでも離れようものならすぐに抱き寄せる。しかしベニガオザルの母親は、生後二週間もしないアカンボウでもほったらかす。まだ素早く動けず、低木の幹にしがみついてプルプルしているアカンボウを平気で放置し、自分はせっせと採食に勤しむのである。自分のアカンボウを地面に残したまま木に登っていったり、五メートル以上離れたりすることは普通で、アカンボウが母親を呼んでピーピー鳴いていても知らん顔をしている。

一応、母親は緊急を要する事態かどうかを気にはしているらしい。群れの誰かがなにかに驚いて悲鳴をあげると、母親はすぐにアカンボウの元へ戻ってしっかり抱きかかえてから自分も木の上に退避する。ところが別のある時、アカンボウが群れの真ん中で放置され、母親を探し求めて徘徊している途中で、若いオスにペシペシとビンタをされてしまった現場を目撃したことがある。アカンボウはピーピー鳴き続けていたが、この時母親はしばらく回収に来なかった。特に危害が加えられているわけではないという判断だったのだろうか。なんとも奇妙な育児スタイルである。こんな調子でよくアカンボウが死なないな、と感心するほどだ。初めて見た時は、「育児放棄の事例だ！」と思ってビデオを撮っていたものだが、いくら観察例を重ねても、初産を除きみんな同じような育児スタイルなのだ。これから言えることは、ベニガオザルにおいて、アカンボウの毛が白い理由が「親の保護を得るため」ではないらしい、ということである。

もみくちゃにされるアカンボウ

そんな母親から放置され気味のアカンボウだが、ベニガオザルの社会では、オトナ個体同士の社会交渉の仲介役という非常に重要な役割を担っている。ベニガオザルを観察していると、社会交渉場面でアカンボウが関わる行動が多いことに驚くだろう。その典型例が、「アカンボウ性器接触行動」（Touch Baby's Genital Behavior: 以後頭文字を取って「ＴＢＧ行動」とする）と呼ばれる社会交渉だ。アカンボウの毛が白いうちは、母親に抱かれている時に限って、いろんな個体からの接触を受ける。お母さんに抱かれているところを他個体に引っ張り出され、身体をひっくり返され、性器を触られる。アカンボウはされるがまま無抵抗で、もみくちゃにされる。そうして一通りアカンボウをいじくり回したら、母親の隣に座って、毛づくろいが始まる。

このＴＢＧ行動は、される側のアカンボウの性別はあまり関係ないようだ。例外的事象としてオ

母親が抱えているアカンボウを2頭のオトナ個体が引っ張り出しているところ。
アカンボウは母親の乳首をくわえながらも体をひっくり返され、もみくちゃにされている。

スとメスの二卵性双生児が生まれた時にデータを取ったことがあるが、この時はオスのアカンボウに対してのほうが接触頻度は高かった。しかし一般的な単仔の場合には、アカンボウの性別への選好性は認められず、むしろ母親の属性がこの行動の生起頻度に大きく影響を与えているように見える。それと関連してか否か、TBG行動はアカンボウが母親に抱かれている時以外にはなかなか起きない。母親に放置されたアカンボウに対してTBG行動をしようとする個体は珍しい。こうした傾向から、TBG行動は、アカンボウを抱いた母親に接触することを目的としておこなわれる行動である可能性がある。いわば、挨拶の一環として、最初にアカンボウを触ることから始めるのである。母親にとって大切なアカンボウを触ることを許されるということは、すなわち、その後に続く毛づくろいや伴食といった行動への移行が許された証なのである。ベニガオザルの社会では、アカンボウは社会交渉の起点にもなっているのである。

ベニガオザルで見られるTBG行動とよく似た行動が、マカク属内で最も近縁とされるチベットモンキーでも見られる。チベットモンキーで見られるアカンボウを介した行動には「ブリッジング行動」という名前がついている。二頭のオトナ個体がアカンボウを持ち上げ、性器を舐めたり触ったりする行動だ。チベットモンキーとベニガオザルとの大きな違いは、前者のブリッジング行動はオス同士でおこなわれることが多いのに対し、後者のTBG行動は母親とそれ以外の個体でおこなわれるという点だろう。[5] チベットモンキーのアカンボウも、ベニガオザルほど顕著ではないが、薄いクリーム色の毛色で生まれてくることから、こうした乳児期特有の毛色と、アカンボウを介した社会交渉の発達には深い関係があることは間違いなさそうだ。

ベニガオザルの「ママ友会」

ベニガオザルのメスは、子どもを生むと、群れの中心部に集まるようになる。まるで「ママ友会」のように、子持ちメス同士が寄り集まって小さなコミュニティを形成するのである。集まった母親同士でお互いのアカンボウを触り合いながら、寄り添い合って、一緒に過ごす。この「ママ友会」も、よく見ると群れの中にいくつかのまとまりがある。メスたちの中で、家系や普段の親密さによる会派のようなものがあるのかもしれない。残念ながら、私の調査地は歴史が浅いために家系の情

報はないので、どういう分かれ方をしているのかまでは、今のところは定かではない。

しかし、子どもを生んだメスなら誰でも加入できるというわけではないのが、社会の厳しさというものである。特に初産のメスは、この「ママ友会」に加入するのにも苦労する。最初は生まれたばかりのアカンボウをどうしていいかわからず、必死に世話に励む。他個体がアカンボウに触るために近寄ってきても、接触するのを拒否してしまうこともあるため、集団にうまく溶け込めない。日を追うごとに育児に慣れ、周りの個体の様子が見えるようになってくると、徐々に他個体との距離を縮めようとするようになる。その時に最初に接近するのが、同じくアカンボウを抱く母親メスである。恐る恐る相手のアカンボウを触り、自分のアカンボウも触らせる。こうして頻繁にアカンボウの触り合いっこができるようになってようやく、「ママ友会」のメンバーになれるのである。

「ママ友会」は、こうした母親同士の関係調整機能のみならず、アカンボウたちにも恩恵がある。近くにいつも同年代の「おともだち」がたくさんいるので、遊び相手には困らない。白いアカンボウが何頭も集合して、木の枝にぶら下がったり、お母さんたちの身体によじ登ったり、ケンカの真似事をしたりして過ごす。母親が干渉しない分、ベニガオザルの子どもたちは、比較的早い時期から、自力で他個体と直接関わり合いながら成長していく。こうした発達過程を経ることで、ベニガオザルたちは独自の個体間関係調整能力を養っていくのかもしれない。

しかし依然として、「白色で生まれてくる」ことの必要性は不明である。確かに白ければ、オトナたちにとってはわかりやすい目印になる。その目印を頼りに、社会交渉に巻き込んでもいいアカンボウと、そうでないコドモを区別できる。しかし、その程度の理由で、このような危険な形質が進化するだろうか?

私は、この白色という色そのものが、ベニガオザルにとって強烈な刺激になっているのではないかと考えている。それを説明するためには、もう一つのアカンボウの機能である「緩衝作用」を紹介しなければならない。

アカンボウがもつ緩衝作用

ベニガオザルのアカンボウには、社会交渉のきっかけを作る仲介役以外に、個体間の緊張関係を吸収し解消する、いわば「緩衝材」としての機能がある。この機能が発揮されるのは、オトナ同士のケンカの場面である。しかも、オス同士が直接ぶつかり合う、かなり激しいケンカのときだ。

ベニガオザルには、激しいケンカにエスカレートする前に和解するための行動が多様に発達している（124ページ参照）。しかし、それでも収まらないケンカというのは当然発生する。オス同士が激しく攻撃し合い、犬歯をむき出しにして、お互いを牽制する。そんな「戦場」のような場面に、白いアカンボウがヨチヨチと歩いていって参入するのである。これはアカンボウが偶然にケンカの勃発地に居合わせてしまった、というものではない。アカンボウ自らが、まるでケンカの場面に吸い寄せられるように近づいていくのである。

見ている側としては、ヒヤヒヤする場面である。オスに叩き倒されればアカンボウは大怪我をするし、肉弾戦に巻き込まれて万が一にも間違って噛まれでもしたら命を落としかねない。母親が即刻アカンボウの回収に行かなければならないはずであるが、誰も何もしない。アカンボウには危害が加えられることがないことをみんなが確信しているかのようだ。そうこうしているうちに、アカンボウは戦場のど真ん中である。

戦地に立ったアカンボウは、その純粋無垢なる毛皮をまとって、犬歯をむき出しにして興奮するオスたちに近寄っていく。そうすると、オスはとっさにそのアカンボウを抱きかかえると言うより、抱きかかえてしまう、と表現したほうが正確かもしれない。しばらくすると、今度はまわりにいた個体が恐る恐る近づいてきて、オスが抱いているアカンボウに接触しにやってくるのである。さっきまでケンカしていたオスまでもが近づいてきて、交互にアカンボウを触ることもある。そうしてアカンボウを介した社会交渉が、様々な個体間で繰り返される。この時、オスは大きな声を出すこともある。それは威嚇音声に似ているが、周囲を牽制していると言うよりはむしろ、戦意を吐き出して自分をなだめているようにも聞こえる。かくして激しいケンカはいつの間にか収まり、群れは平穏を取り戻すのである。

このアカンボウがもたらすケンカの解消こそ、白い毛色の進化を読み解く鍵なのではないかと私は考えている。アカンボウのか弱さや、庇護を求める属性が、この白い毛色と結びついて認識されている。どんなに興奮していても、アカンボウの白い毛色を見ると、攻撃性が抑制される。その結果として、アカンボウはオスからの子殺しを回避することができるほか、群れの安定性を維持することで集団生存確率が上がり、巡り巡って自分の生存率をも上げることができるというメリットを享受しているのかもしれない。

アカンボウを見たら、誰だって「かわいい」と思うし、アカンボウは「かわいい」と思ってもらえる形質を備えて生まれてくるものである。その「かわいい」が、見たものの攻撃性を抑制し、世話をしてしまいたくなる衝動を掻き立てる。ヒトの赤ちゃんでもそうならば、ベニガオザルが同じ

ケンカするオスに接近していくアカンボウ

3頭のオスたちがケンカしている現場にフラフラと近寄っていくアカンボウ。とばっちりを喰らわないか心配な場面だが、オスたちはアカンボウに危害を加えることはない。

ケンカを解消しているアカンボウ

ケンカをしていた2頭のオスが、アカンボウを抱えた母親のもとに駆け寄り、アカンボウを触っている場面。アカンボウを触ることで、緊張状態が緩和され、ケンカが解消されるようだ。

であっても不思議ではない……そんなふうに思うのである。

もちろんこの仮説を検証するのは容易ではない。色刺激が攻撃行動の抑制に働くかどうかは、最終的には実験によって再現されなければならないし、そのためには脳波の測定などの実験的研究も必要となるだろう。しかし、アカンボウの白さが、特定の文脈において、行動の意思決定に作用することは間違いなさそうだ。その証拠を野外研究で掴むべく、今まさに、研究に取り組んでいる最中である。

我が子の亡骸を抱えて

サルに「死」の概念はあるのだろうか。これは非常に大きな哲学的な問題でもある。そもそも、サルたちは「死」をどのように認識しているのだろうか。それを知る手がかりとなる行動がある。死児運搬である。

死児運搬とは、死んだアカンボウを母親が運ぶ行動である。生後間もないアカンボウが何らかの原因で死んでしまった時、母親がその亡骸を何日にもわたって運び続ける行動が知られている。ベニガオザルでも死児運搬が観察される。私の観察期間中にも、五例の死児運搬事例を確認した。死児運搬が起きている時は、群れを見つけるより前から周囲に死臭が漂い、群れを見つけた時にはその臭いがさらに強くなるので、すぐにそれとわかる。

死児運搬を観察するのは、なかなかに辛いものがある。まず、追跡中ずっと、何時間にもわたり、死臭を嗅ぎ続けなければならないことだ。これはどれだけ嗅いでいても慣れるものではない。そし

ぐったり横たわる死児の毛づくろいをする母親。

て多くの場合、運搬は二〜三日続くため、翌日もその群れに出会えれば引き続き死児運搬の様子を観察・記録することになる。調査を終えても衣服やバックパックに臭いが染み付くので、その日はとても夕飯を食べる気にはなれない。

死臭より辛いのが、我が子の亡骸を運ぶ母親の姿をじっと観察し続けねばならないことだ。自ら抱きついてくるわけでもなく、声を上げるわけでもなく、ただ地面にぐったりしている我が子を見つめ、群がるハエを払い、母親は必死に毛づくろいを続ける。移動中はその亡骸を一生懸命に運び、たまに立ち止まっては顔を覗き込む。「死んでいることがわからない」のか、「我が子の死を受け入れられず置いていけない」のかは、観察者にはわからない。

私は、そんな悲しみに溢れた母親の背中に、日々腐敗していく子どもの亡骸に、ずっとカメラを向け録画をし続けるのである。研究者として、なすべきことをしているのは間違いない。その子どもの死と私との間には何の因果関係もない。自然の中で、生き残れなかった子どもが死に、その亡骸を母親が運ぶ。霊長類では比較的普通に見られる行動だ。しかしながら、その場面をわざわざ観察している自分は、まるで他人の不幸で飯を食う仕事をしているような罪悪感を覚えることがある。この精神的苦痛のほうが、死臭よりも遥かに辛い。

死んだ子どもを運ぶだけであれば、他種と変わりはない。しかしベニガオザルの場合、他種では見られない行動が起きる。多くの個体が死体に触れたり、様子を見に来たりするのである。これは、怪我をしている個体に対する「お見舞い」に近い。群れの中で誰かが死んでいるという状況、あるいはその個体の状態が「異常である」ということは、彼らも強烈に認識しているらしい。とにかくアカンボウからオトナに至るまで、オスメスを問わず、何頭も、それもひっきりなしに、死児の様子を見に来る。

多くの場合、様子を見に来た個体が取る行動は、臭いを嗅ぐことである。ついで、ちょっと触ってみる、というのが多い。触っても反応がないため、辺りをキョロキョロと見回す個体もいる。死体に触った手を地面に擦り付ける行動も見られる。なにかが手についた気がするのだろうか。中には、身体をひっくり返してみたり、足を掴んで引っ張ってみたり、口を開いて中を覗き込んだり、舌を引っ張り出してみたりする個体もいる。相手が抵抗しないのをいいことにやりたい放題やっている、という風にも見えなくはないが、彼らが死体の舌の様子にまで関心があるというのは驚きであ

死児の口を開けて舌を引っ張り出しているところ。

る。

また、死児の運搬を担う個体は必ずしも母親とは限らないのも興味深い。兄弟姉妹と思われる比較的若い個体が、母親に代わって運搬する場面も普通に見られる。こうした若い兄弟姉妹による運搬行動は、アカンボウが生きている時にはめったに起きない。死児運搬の時だけ見られる行動である。

死児運搬は、二～三日続く。熱帯のタイでは、死体の腐敗も早い。死後一日目くらいだと、内臓が膨張し、身体は黒ずんできて、凄まじい臭いを発するが、二日目にもなるともうすっかりシワシワのミイラのようになる。三日目にはもう骨と皮の状態になり、こうなると毛づくろいや覗き込みといった行動は減ってきて、とりあえず移動の時には持っていく、という程度になる。死体を手放した瞬間を観察したことはないのだが、母親が運搬をやめるのはこの頃である。

実は、これも食物分配と同じ状況なのだが、ベニガオザルで死児運搬が見られることを報告した論文はまだない。私が第一報を報告せねばならないのだが、いかんせん五例しかないので、分析できる内容も限られている。今後もっと事例が集まればいつか論文になるかもしれないが、こと死児運搬に関しては、これ以上事例が集まってほしいとは思えないし、次の事例が起きることを心待ちにするつもりもない。たとえ論文が書けなくても、アカンボウがみんな元気にすくすくと育ってくれるのであれば、そのほうが良いに決まっている。

4 群れの出会いと別れ

群間関係

私の調査地は、面積的には決して広いわけではない。特に保護区に指定されているエリアは、石灰岩の小高い山とその麓一帯のみである。そのエリアに五つの群れが生息しているのだが、GPSデータから可視化した各群れの遊動域情報（図6）を見る限り、彼らにはテリトリーというものが

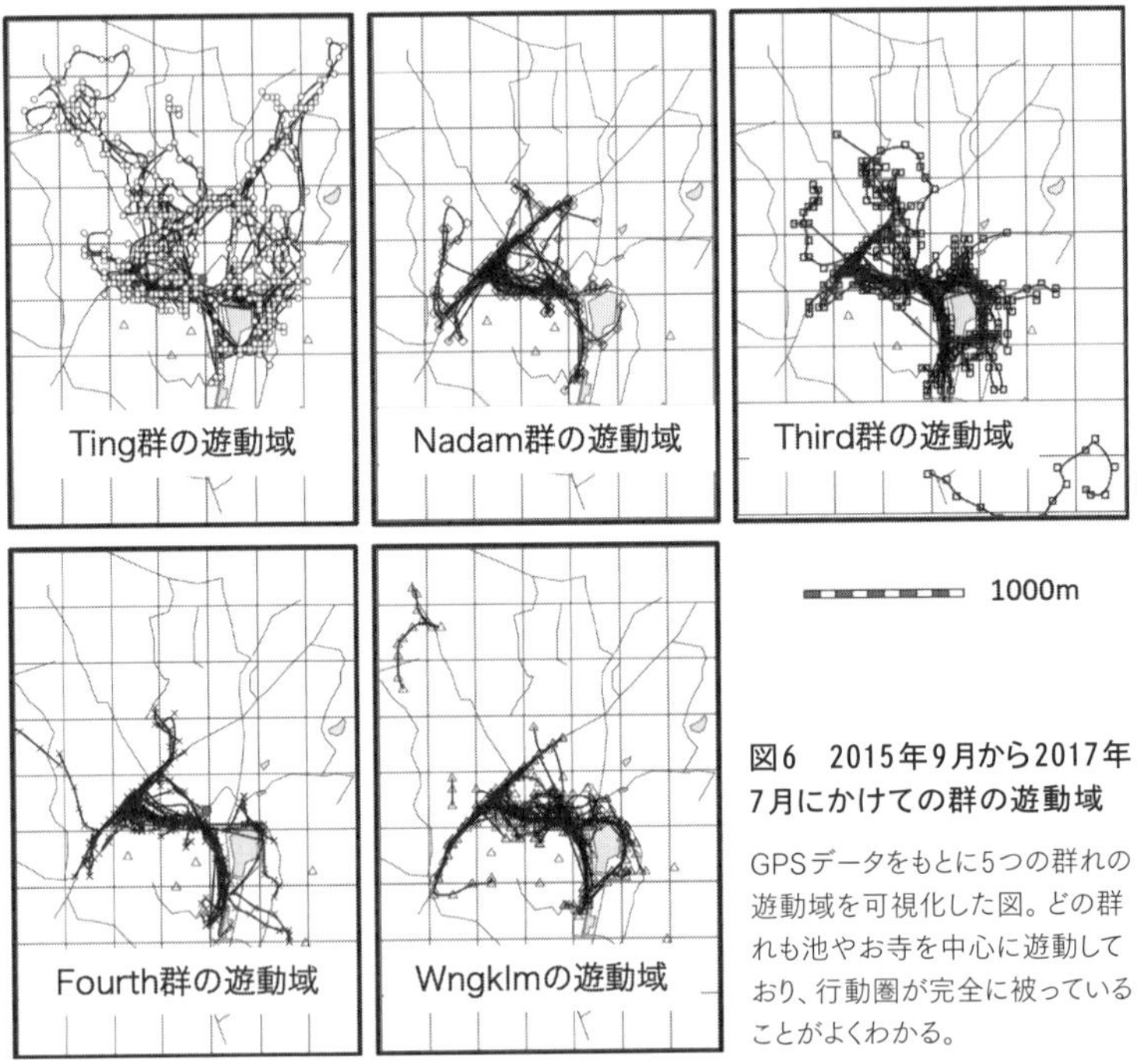

図6　2015年9月から2017年7月にかけての群の遊動域

GPSデータをもとに5つの群れの遊動域を可視化した図。どの群れも池やお寺を中心に遊動しており、行動圏が完全に被っていることがよくわかる。

ない。遊動域は完全に重複していて、五群ともに同じ場所を時間差で利用している。五群がそれぞれに固有の遊動域を持つほどの広さがないことが原因かもしれないが、これはこれで興味深い。

それだけ密集しているのだから、当然、群れ同士の出会いが頻繁に起こる。一般的に、霊長類の群れ間関係は敵対的であることが多い。各々が持つテリトリー内にある資源を巡って競合するからだ。しかしこの調査地で見られるベニガオザルの群れ同士の出会いは「非敵対的」であることが多い。

「非敵対的」と表現するのは、決して「友好的」であるとは限らないからだ。サルを観察中、それまで岩陰でダラダラしていたサルたちが一斉に起き上がって突然移動を開始することがある。はて?と思って後をついていくと、しばらくして、別の群れが接近していたらしいことがわかったりする。彼らは、声や移動してくる音などを手がかりにして他群が接近していることを察知し、すぐに移動することで、出会いを「回避」しているらしい。

実際に出会ってしまっても、すぐにケンカが始まるというわけではない。その場合は出会いの境界付近で頻繁な社会交渉が起きる場合が多い。オス同士であれば、お互いにマウンティング（腰に乗っかる行動）し合ったり、睾丸を握り合ったりという挨拶行動が見られるし、メスが他群のオスにプレゼンティング（お尻を突き出す行動）したり毛づくろいしたりという社会交渉も見られる。群れが出会うということは、やはりそれなりに緊張感が生じるようだ。しかしながら、この時に群間の交尾が起きることは極めてまれである。しばらくこうした交渉が続いた後、自然に別れていく。

出会う群れの組み合わせによっては、完全に両群の個体が入り混じってしばらく遊動を共にし、地域住民から餌付けされた野菜などを食べる時でさえ一緒にいるという場面を見ることもある。これはおそらく、かつて同一だった群れ同士ではないかと推測している。実際に私が観察している期間中には、Third群が分裂してWngklm群という群れが誕生したが（160ページ参照）、この二群が出会う時は非常に「友好的」に見えるのである。中心オスが他群の中心部までズカズカと入っていき、他の中心オスたちと睾丸を握り合う。そうやって両群のオスたちが社会交渉をしていると、周囲の個体も興奮し、挨拶行動が頻発する。中にはアカンボウを抱えた若いオスがやってきて、他群のオス

Ting群のメスのダイズちゃんが、Nadam群のオスの吉川くんに接近し、自分の子どもへのTBG行動を促しているところ。

にＴＢＧ行動を促したり、オス同士でアカンボウを抱きしめ合う「ブリッジング行動」のような行動まで見られたりする。そのままオスがアカンボウを抱いて自分の群れに戻ってしまい、母親が慌てて後を追いかけると、今度はその先でメス同士の社会交渉に巻き込まれたりする場面を見たこともある。他群のオスにアカンボウを委ねるというのはなんとも危険なのだが、それが子どもへの攻撃や子殺しなどの敵対的な交渉に発展しない辺りは実にベニガオザルらしさがある。

もう一つ、個人的に非常に印象強く記憶に残っている事例がある。ある日、お寺の境内で、Ting群を観察中に出産直後のメス（レタサイちゃん）を発見した。珍しく、日中に産気づいてしまったようだ。私の発見があと数分早ければ、まさに出産のシーンを冒頭から録画できたかもしれないと思うと、思い出しただけでも悔しい。このレタサイちゃんは、アカンボウを抱いてぐったりしていた。立ち上がる元気もないようで、日陰に倒れ込んでいたのだ。しばらくすると、Ting群はお寺から池の東方向へ移動を始めてしまった。しかし、レタサイちゃんは動くことができない。と、そこへ、山の麓方向からWngklm群がやってきたのである。出産直後のメスが横たわっているところに、他の群れがやってきたのだ。私は悲劇が起きることを予想した。

しかし、その後のWngklm群の行動は驚くべきものだった。この出産直後で倒れ込んでいるTing群のレタサイちゃんをみんなで囲み、次々に毛づくろいを始めたのである。中にはオトナのオスまでもがやってきて、生まれたてのアカンボウを覗き込みながら、母親に毛づくろいをしていた。結局Wngklm群はしばらくレタサイちゃんのまわりで過ごした後、何事もなかったかのように移動していった。今でも非常に印象深く思い出す群間の出会い事例の一つである。

本当はこうした群れの出会いを真剣に分析すべきなのであるが、いかんせんひとりで調査をしているとそう簡単ではない。二つの群れが実際にいつ頃から、距離的にどれくらい接近していたかは観察者ひとりでは把握できないし、もし出会いを「回避」していたら、私には気づけないこともあるだろう。各群れの個体に、一頭ずつでもいいからGPSロガーを付けられれば話は変わってくるが、ベニガオザルは保護動物に指定されているため、まず捕獲許可が下りない。よって、複数人でそれぞれ別の群れを追いながらGPSデータを蓄積するのが最善の策となる。カメラトラップを森の中にたくさん仕掛ければ、断片的にでも同時刻に複数の群れがいた位置を割り出せるかもしれないが、出会いを検出するには程遠い。将来的には、アシスタントを雇うなりして観察者の目を増やすしかない。

群れはどうやって分かれるのか

群れの分裂という現象は、非常に大きな社会変動である。いままで一緒に暮らしていた仲間たちの一部が、別行動をするようになるのである。

要因が何であれ、群れの分裂というのは頻繁に起こるものではない。よって、その場面に出くわすという経験は滅多になく、分裂に至る経緯まで詳細に記録された観察例は非常に少ない。まさに目の前で群れが分裂する様子を目撃したという場面に出くわせば、とても運がいいと言える。

私にはそこまでの強運はなかったようだが、少なくとも「観察期間中に群れが分裂する」というレベルの事象に巡り合うだけの運はあった。

二〇一五年の調査開始から一か月ちょっと経った一一月一〇日、お寺の敷地を歩いている三七頭の群れを見つけた。見た瞬間、おや?と思った。というのも、当時確認していた四群（Ting、Nadam、Third、Fourthの四群）の個体数カウント結果では、最も小さい群れで七三頭だった。三七頭というのはあまりにも小さすぎる。どこかに別の個体もいるのかと思ったが、そうでもない。

「未確認の群れだ！」

大喜びした私は、その小さい群れのサルたちの顔写真を撮り、新しい群れの発見という大きな成果を抱えて意気揚々と帰宅したのである。

ところが、帰宅してさっそく個体識別を始めたのだが、どうも見覚えがある個体がいる。昔どこかで見たらしい。しかし、当時の私はこの調査地のベニガオザルしか知らなかった。ということは、どこかの群れの誰か、ということになる。

「分裂したのか……」

私は息を呑んだ。これが分裂群だとわかった瞬間に、いろんな考えが一気に頭の中を駆け巡った。まずは、安堵だ。発見当時はまだ個体識別終盤だったため、本格的なデータ収集移行前だった。その段階で分裂してくれてよかった。データ収集の途中で群れが分裂すると、データ整理と解釈が複雑になるからだ。

一方で、悔しさがこみ上げてくる。まだデータ収集が始まっていないので、分裂した個体たちが元の群れでどういう関係性だったのか、さっぱりわからない。分裂前に何があったのかも不明だ。何がきっかけで、どういう分かれ方をしたのかわからなければ、ただ「分裂した」のを後から確認しただけで、それ以上のことを科学的に議論する材料がない。

この相反する考えが渦巻く中、「もっと早くに調査を開始していれば！」「もっと早く個体識別が進んでいれば！」と悔やんだ。しかし、これはかりはどうしようもない。自分ひとりで何でもかんでも見られるわけではない。とにかく、まずはどこから分裂したのかを明らかにせねばならない。それぞれの群れのオスの写真アルバムを眺めながら、該当する個体を探した。

いろいろと見比べた結果、どうやらThird群から分裂したらしいことがわかった。この分裂した群れには七頭のオスがいたが、いずれもThird群の端っこの方で観察されていた「なんとなく弱い」周辺オスの一部だった。なるほど、群れが分裂する時は、周辺のオスが一部のメスを引き連れて分かれるらしい。

私は、この分裂した小さな群れの名前を、丸橋先生の苗字から一字もらって「丸群」と呼ぶことにした。正式名称は、タイ語で「丸い」を意味するวงกลม（ウォンクルムWong klom）から、Wngklm群という名前にした。そしてこの群れの中心オスを、丸橋先生の所属大学である武蔵大学からとって「武蔵くん」と名付けたのであった。

武蔵くんは、分裂前こそ冴えない若いオスという印象の、身体の小さなオスだった。しかし分裂後、新しい群れを率いるようになってから、みるみるうちに身体が大きくなってきた。急に筋肉がムキムキになり、立派な長いあごひげを生やし、あっという間に中心オスらしい風貌になった。立場が変わるだけで、こんなにも外見に変化を与えるのは実に興味深い。同時に、糞なり尿なり、ホルモンが測定できるサンプルを取りそびれた自分にがっかりした。きっと、テストステロンレベルあたりが急激に上昇していたに違いない。劇的な社会変動と内分泌動態との関連が見られるチャンスを逃したのである。

この群れの分裂については、後に遺伝解析が進むにつれて、非常に興味深いことが明らかになってきた。私はマイクロサテライトDNAのフラグメント解析（後述）から、個体間の血縁度を推定していた。試しに、Third群の分裂前と分裂後における集団内の平均血縁度を、オス・メスそれぞれで計算してみた。すると、分裂前よりも、分裂後のThird群およびWngklm群の双方において、オス間でもメス間でもともに平均血縁度が上昇していたのである。つまり、群れの分裂に際し、血縁度の高い個体同士がまとまって二つの群れに分離したことを示唆している。これが、真の血縁関係、つまり家系単位で分裂したかどうかまでは、私のデータから判断できない。しかしながら、オス間の平均血縁度の上昇が見られたということは、分裂した群れの中には兄弟関係にある可能性のあるオスたちが何組か入った可能性が高いということだ。こうした情報は、ベニガオザルの社会構造を理解する上で重要な知見となるだろう。

分裂したThird群は、もともとは一一三頭をカウントする大きな群れだった。当時の四つの群れの中では最も大きいTing群と同規模だった。そこから四〇頭弱が分裂し、七〇頭ほどの群れになったのだ。最大群のTing群を除くと、Nadam群、Fourth群ともに、個体数は七〇頭前後だ。どうやら、七〇頭というのは、この地域のベニガオザルの群れの大きさとしては適正なサイズなのかもしれない。分裂した四〇頭弱の群れも、だんだん大きくなって一〇〇頭近くになると、また分裂する可能性がある。そして、七〇頭が群れの適正サイズであるという仮説に従えば、次に分裂するのは当時一一六頭を数えたTing群ではないか。もしかしたら、自分の観察期間中にもう一度、群れが分裂するチャンスに巡り会えるかもしれないと期待した。だが残念なことに、このあと群れの分裂を再び見る機会はなかった。

あるオスの死――順位転落の顛末

私には、忘れられないオスがいる。怪我をしたコドモを一生懸命運んだ立派なオス、Ting群の中心オスだった武田くんだ。彼にも最期の日はやってきた。彼の死に様は、「潔い」の一言に尽きる。

二〇一六年九月二九日、Ting群では珍しく、オス複数頭がとても興奮していた。どうやらオス同士で大きな喧嘩があったらしい。何頭も怪我をしているオスたちがいた。その数日前から、Ting群ではオスたちの小競り合いが頻発していた。アカンボウがしょっちゅう出動し、オスたちに揉みくちゃにされていたが、事態は収束しなかったようだ。

ふと見ると、武田くんも頭に怪我を負っていた。怪我そのものは大したことはない、犬歯によるいつもの切傷に見えたが、様子がおかしかった。いつもなら、群れの中心オスが怪我をしたとなれば、子どもからメスからひっきりなしに「お見舞い」にやってきて、傷口を舐めたりしてもらえる。しかしこの日の武田くんは、群れの端っこにポツンと座り、普段まったく接点のない周辺オスから毛づくろいを受けていたのである。

順位が転落したのかもしれない、と直感的に思った。この武田くんは、確かに中心オスらしくケンカにも強く、常にメスやコドモたちに囲まれている、れっきとした「強いオス」だった。とはいえ、交尾はあまり見たことがなく、他の若くて強いオスたちに押され気味だった。後からわかったことだが、この時のTing群は、中心オスの世代交代の時期に差し掛かっていたのだ。

鼻切れくんから毛繕いを受ける武田くん。これが彼の最後の写真となった。

順位が転落したオスはどうなるのだろうか。私が調査を開始する以前のオス間関係に関するデータはないため、過去に誰がどんな地位のオスだったかはよくわからない。群れを見ていると、「強いとも弱いとも言えないオス」の中には、常にそばにメスが何頭もいるような人気者のおじいちゃんオスがいる。もしかしたら、こういうオスがかつての中心オスだったのかもしれない、と想像はできる。順位が落ちたら一気に「弱いオス」に転落するのではなく、群れの中で、オス間闘争に関与しない立場で、ゆっくり余生を過ごすのかもしれない。しかし、順位の変動はまれにしか起こらないため、この仮説を確かめるのは容易ではない。実際に私の観察期間中に明確な順位変動が起きた事例は二例しかなく、そのうちの一例がこのTing群の事例だった。

周辺オスに毛づくろいされていた武田くんは、

すっかり戦意喪失したような、心ここにあらずといったような、そんな上の空でただ毛づくろいを受けていた。相当なショックを受けたようだった。群れが移動を開始しても後をついていくことなく、ついには周辺オスにも置き去りにされてしまった。それでも、ずっとその場に腰を丸めて座り、ただひたすら地面を見つめていたのである。

その様子を見て、「移籍するかもな」と思った。Ting群は最も個体数の多い大所帯である。当然オスの数も多く、オス間で連合形成が見られるような群れだった（4章参照）。武田くんは、誰と誰が連合を組むのかという政治的な駆け引きが頻発する群れで、中心オスを務めてきたのである。さぞお疲れであったことだろう。他の群れに居場所を見出して、ゆっくりと「優しいおじいちゃん」として、余生を送ってもらいたかった。

ところがその後、数日経っても、どこの群れでも武田くんを見かけることはなかった。時を同じくして、岩山付近で死臭がするようになった。私は嫌な予感がした。

私は岩山を通りかかるたびに、臭いをたどって死体を探そうとした。どうかサルの死体ではありませんように、と願いながら、何日も調査の合間に時間を見つけては捜索を続けたが、すぐには見つからなかった。ちょうど一か月が過ぎ、死臭もしなくなっていた一〇月二二日、ついに私は亡骸を見つけた。それは岩山の高い崖沿いの、サルたちの遊動域が見渡せる場所にあった。サルだった。見事に白骨化していたが、身体の大きなオスだということは骨の特徴からすぐにわかった。きっと武田くんだ。私は震える手を抑えながら、現場の写真を撮った。一旦基地に戻り、ゴム手袋とマス

岩山で発見された白骨化死体

ク、袋を持ってその場所に戻り、骨を一つ残らずすべて回収した。崖沿いだったこともあり、動物に食い荒らされた形跡はまったく無く、その場で地面に寝そべったままの状態で白骨化していた。

骨を回収した私は、帰宅すると写真アルバムを立ち上げ、「犬歯シリーズ」のタブをクリックした。この犬歯シリーズのタグでは、サルのあくびの瞬間や、威嚇で口を開けている瞬間など、犬歯が見える写真をまとめて整理してある。こうした写真から確認できる歯型は貴重な情報だ。特にオスの場合、犬歯が折れていることがある。その欠損パターンは、個体特有の情報になる。この情報は普段の個体識別には使わないが、今回のように骨となって出てきた時には有効な手がかりとなる。歯型を照合すれば、誰か特定できる。

案の定、犬歯の折れ具合、前歯の特徴から、Ting群の中心オスである武田くんと合致した。この白骨化死体は、彼だったのだ。

私にはまるで、武田くんが自ら死を選んだように見えた。ケンカで怪我をしたあの日、武田くんは自分の限界を悟り、あるいは地位の転落を受け入れられず、岩山に登って、そこで数日をかけて死を迎えたのだろう。私はとても悲しかった。まだ生きていくことはできたはずなのに、他の群れに移籍する道もあったはずなのに、武田くんは、あの日、自らの命にケジメを付けたのである。骨を眺めていると、コドモを必死に守っていた姿が蘇る。生き様も立派なれば、死に際も潔い、誇り高きオスだった。ひとりの英雄を失った気分だった。

　武田くんの骨は今、現地チュラーロンコーン大学の自然史博物館で眠っている。野生由来の、個体も属性もはっきりしている、貴重な骨格標本試料である。この博物館で、永久に価値ある試料として生き続けてほしいと心の底から願ってやまない。

　ちなみに、オスの順位変動の観察事例はもう一例ある。それはThird群での事例なのだが、こちらは随分とドライであっけない顛末を迎えた。NHKの取材に同行していた二〇一九年四月、それまでThird群内で圧倒的強さを誇っていたオスの小野寺くんを、なぜかTing群で発見した。その時つい「あなた、ここで何してるの！」と話しかけてしまったくらいである。何食わぬ顔で、平然とTing群の周辺オスの仲間入りをしていた。Third群内では別段のケンカがあったわけではなく、他の強いオスに追い出された形跡もまったくなかった。突然トップの座を引退し、別の群れで新生活を始めたような様子で、拍子抜けしたのを覚えている。とはいえ、元いた群れでは圧倒的だったこの小野寺くんは、威厳というか、ただならぬオーラがあったようで、周辺オスとしては珍しくアカンボウに人気で、メスも近くにやってきて毛づくろいするほどだった。移籍先のTing群でも既存のオスたちに気をつかう様子はなく、好きなように食べて好きなように寝ていた。もしかしたらこの小野寺くんは、Third群では飽き足らず、最大群のTing群を乗っ取りに来たのではないかと疑うほどだったが、ケンカに参加する様子はなく、積極的にオスたちと関わる風でもなかった。こういう出来事があるたびに、サルたちの個性に圧倒されるのである。サルたちの人生も、いろいろなのだ。

ちなみに、中心オスだった小野寺くんを突然失ったThird群本体はというと、すっかり混乱していた。Third群にいた渋谷くんというオスは、なんと小野寺くんの後を追ってTing群に追従移籍してきた。きっと仲が良かったのだろう。残されたオスたちのなかで、東くんや志村くんといったオスたちは、頻繁にケンカを起こすようになっていった。このThird群はしばらく不安定な時期が続き、誰が強いのかさっぱりわからない内乱状態を迎えた。再分裂の兆候を見せた時もあったが、その後持ち直したようだ。残念ながら、その経緯については私が日本にいる間に進行してしまっていたため、観察できていない。

社会のダイナミクスを追う研究というのは、いつやってくるかもわからない出来事のために、絶え間なく観察を続けていなければならない。でなければ、このThird群の劇的な社会変動のように、大事な瞬間を見逃してしまうのである。

が難しいことなどの理由で諦めた場所だった。タイ南部の個体群の中にも赤褐色のタイプはいたが、確かに黒色のタイプの個体が圧倒的に多かった。場所が違えば、特徴もこんなに違うものなのだなと思った。

私の調査地にも、この黒い系統の個体が複数いる。明らかに見た目が他の個体と違うのに、サルたちはその違いをまったく気にしていないように見える。こうした違いが、配偶者選択に影響を与えていないのだろうか、という疑問をずっと持っているので、いつか検証してみたいと思う。

毛色の異なるベニガオザル

左は黒色系統の個体、右は赤褐色系統の個体（巻頭写真参照）。私の調査地にも毛色の黒い個体がいるが、南部に行くほどその割合は増えていく。

Column 3

黒いベニガオザルの話

ベニガオザルは過去に2亜種に分類されていた歴史がある。

ベニガオザルと言うと、赤褐色の毛色に、紅い顔が大きな特徴だが、中には毛色も顔も真っ黒い個体がいる。これが、亜種に分けられていた理由だ。毛色が赤褐色の系統は*Macaca arctoides arctoides*（*M.a.a*）、毛色が黒色の系統は*Macaca arctoides melanota*（*M.a.m*）と呼ばれていて、*M.a.a*は北部に、*M.a.m*は南部に生息しているとされていた。

しかし、タイの3地点でベニガオザルの毛色のバリエーションを調べた研究で、この毛色のパターンによって亜種に分類することはできないとする論文が出ていて、現在ではこのような分類はされていない。その論文では、更新世の頃の地形変化によって、インドシナ大陸側の個体群とスンダ列島の島嶼部の個体群に分断された後、島嶼部の個体群で毛色の黒色化が進み、のちの地形変化でまた両個体群間に遺伝的交流が復活した結果、大陸側にも黒い毛色の個体が混じるようになったのではないか、という仮説が提唱されている。

2019年にタイの北部と南部の広域調査を実施する機会があり、この時タイ南部のナコンシータマラート県でベニガオザルを見る機会があった。実はここも調査地候補の一つだったが、人付けがなされていないこと、生息域がお寺の領内で長期調査

4章

メスをめぐる奇妙な協力

順番に交尾するオスたちの狙い

この章では、博士研究のテーマ「オスの交尾戦略と繁殖成功」に関する内容を中心にする。私の博士研究は、わかりやすく言えば、「野生のベニガオザルにおいて、どういうオスが、どれくらい交尾していて、実際にどれくらいの子どもを残せているのか」を明らかにするというものだった。極めてシンプルなテーマだが、いざやろうと思うと一筋縄にはいかない、難しい課題だったと後にして思う。

まず、「どのオスがどれくらい交尾しているのか」を調べるためには、群れを追跡中に観察されたすべての交尾をもれなく記録しなければならない。一般的に、動物の行動を記録する際は、追跡する個体を決めて、一定時間、すべての行動ないし目的の行動の全生起を記録する個体追跡法と呼ばれる方法が採用されることが多い。しかし、私の研究の場合、個体追跡によって交尾行動を記録する方法を採用すると、一度に追跡できる個体は一頭なので、対象個体以外の大多数の個体の交尾を見逃すことになる。調査期間中に生まれた子どもの父親を判定するという「面」的なデータと照らし合わせるのに、個体追跡では「線」的なデータしか取れないとなると、その後の解釈に困難を伴う。加えて、五つも群れがあるのに観察者は私ひとりしかいないため、個体追跡を実施すると、時間を区切って対象を変えたところでどう頑張っても一日に二〜三頭しかデータが取れず、解析に耐えうるだけのデータを集めるには想像を絶する膨大な観察時間を必要とする。そもそも滅多に交尾が起きないベニガオザルにおいて、追跡対象を絞ると記録できる交尾数が圧倒的に少なくなってしまう。今回の私の博士研究では、集団全体で観察される交尾という事象そのものを記録できれば良いので、個体追跡は実施せず、群れ全体を追跡し、すべての個体に気を配り、交尾が起きたら見逃さずに全部記録を取るという方針をとった。

当然ながら、群れの中心部から離れたところでこっそりおこなわれる場合など、「見逃し」交尾が生じうることは避けられない。もっと言えば、三六五日二四時間すべての群れを追跡観察できるわけではないので、当然「そもそも観察できない」交尾もある。観察者バイアスがかかってしまうのはやむをえなかった。しかしそんなことを言っていては何もできない。基本的な情報に乏しいベニガオザルの生態を研究するには、どう頑張っても私の博士課程の期間だけでは時間が足りない。限られた時間の中で、私ひとりでできる範囲内で何とかするしかない。すべての交尾が記録できないのは野生動物の調査では当たり前のことなので、まずは観察者が群れを追跡しているときに、観察者が検出できる範囲内で、誰がどれくらい交尾しているのかを「面」的に記録できれば御の字だと考えたのだ。

この「どれくらい交尾しているのか」というデータと比較するのが、「どれくらい子どもを残せているのか」である。前者は交尾成功と呼ばれ、後者は繁殖成功と呼ばれるが、この繁殖成功のデータは、動物の繁殖生態を研究するうえで非常に重要な要素である。実際に交尾をしていたとしても、そのすべてが妊娠に結びついているわけではない。よって、「どれくらい頑張れば子どもを残せるのか」を知ることは、オス間の繁殖競合の強さを理解する上で大事な指標になる。

繁殖成功を調べる上で我々研究者が注意しなければならないのは、オスには子どもとの血縁関係を知る術がないということだ。メスにとっては、「自分が生んだ子どもは自分の子どもである」という当たり前で明確な基準がある。しかしオスにとっては、「自分が交尾したメスが生んだ子どもは自分の子どもである」という保証がない。なぜならサルには、ヒトのように排他的な配偶関係を法的に規定する婚姻関係という社会契約が存在しないからである。よって、「どのオスがどれだけの子どもを残せているか」という情報は、研究者が遺伝分析をやるからこそ知りえる情報であって、オスたち本人には認識できないため、実際にはオスの行動の意思決定にフィードバックを与えない。この点は結果の解釈にとって重要で、忘れてはいけない視点だ。

1 ベニガオザル特有の交尾行動の謎

「交尾の記録」の難しさ

ベニガオザルの交尾頻度はかなり低いのではないかと思う。観察日数あたりの頻度で計算すると、だいたい三日くらい追跡すると一日は交尾が観察できるかな、という程度である。ほとんどの日は空振りである。また、ベニガオザルの場合、一度交尾が起きると、数分おきに立て続けに交尾が連続して発生する（詳細は後述）傾向があるが、交尾をしない日は見事に何も起きない。交尾発生頻度にかなりムラがあるという印象だ。

私はベニガオザルの交尾行動は基本すべてビデオカメラで録画していた。研究内容としては誰が誰と交尾をしたかが記録できれば十分だったが、後になって交尾行動の詳細なデータが必要になった場合を想定して、念のために全シークエンスを録画しようと決めていたのである。ビデオで録画するためには、交尾が始まる前にその前兆を察知し、ビデオを構えて録画を始めておかねばならないが、これがなかなかに難しい。オスがなんとなく早足でメスに接近し始めたり、突然走り出してメスを追いかけたりするのはわかりやすい前兆だが、観察開始初期にはこうしたタイミングがまったくわからず、気づいた時にはすでに交尾が始まる場面だった、ということが多かった。

交尾の記録が難しい最大の要因は、ベニガオザルのメスには発情の兆候というものがまったくない、という特徴である。発情兆候がわからないということは、常に誰かが発情している可能性があるが、それが観察者にはわからないということだ。そうすると、いつ、誰が、どこで交尾を始めてもおかしくないので、群内のすべてのメスに気を配らねばならないということになる。観察中は一時も気が休まることがない。

「発情兆候がない」と表現したが、厳密には「人間の観察者が知覚可能な情報信号がない」という方が正しい。例えばニホンザルの場合、メスは発情すると顔が赤くなり、発情時に特有の音声とニオイを発するようになり、行動もどこか忙しなくなる。「発情している」ことが視覚・聴覚・嗅覚で知覚可能だ。しかしベニガオザルには、そういった人間に知覚可能な情報が一切ない。当然ながら顔はもともと赤いし、この赤さが変化しているようには見えない。わずかに変化しているのだとしたら、何らかの計測器で顔色のＲＧＢ値を解析する色成分分析が必要なレベルだろう。特に変わった音声で鳴くわけでもなく、急にソワソワし始める素振りもない。性皮が腫脹することがあるらしいというが、実際に交尾をしたメスの性皮を見たところで目立って腫脹しているわけではない。マカクだとキタブタオザルのメスの性皮の腫脹を見たことがあるが、それに比べたらベニガオザルの変化など誤差の範囲内と言ってもいいほど、普段とまったく変わったようには見えない。要するに、メスはどうやら発情を隠蔽しているらしい。オスはメスの膣からの分泌物の匂いを嗅いで排卵周期を検知しているという論文もあるが[1]、それは私には実行不可能な検査法である。とにかく、観察者が見ていても、発情しているかどうかがまったくわからない。

もう一つ、交尾の記録を難しくしている要因がある。ベニガオザルには繁殖の季節性がないことだ。繁殖に季節性があると、ある時期になるとメスは一斉に発情し、交尾が高頻度で起きる。多くのメスが同時に発情するためあちこちで交尾が起きることになり、これはこれで記録が大変になるのだが、交尾が起きる可能性が高いことは観察者に予見可能なので、心の準備ができる。一方で繁殖に季節性がないと、メスは各々、自分の子育てが終わったタイミングで排卵サイクルが再開し、次の妊娠にむけて交尾をすることになる。そのタイミングはみんなバラバラなので、いつ誰が交尾するかわからない。

オスはメスの膣に指を入れ、匂いを嗅いだり分泌物を舐めたりする。
生起頻度は非常に高く、挨拶行動のようにも見える。

そんな交尾行動を四〇〇例以上記録して、ベニガオザルの交尾行動の様子がだいたいわかってきたので、その概要をご紹介したい。

交尾のときに起きること

ベニガオザルの交尾行動は、多くの場合、膣探査行動から始まる。オスがメスの膣に指を突っ込み、ニオイを嗅いだり舐めたりする。これが、オスが膣分泌物から排卵周期を探っていると言われる所以である。しかしながら、膣探査が起きれば必ず交尾が始まるというわけではない。当然、本当に「探査」しているのであれば、何らかの基準で「交尾しない」という判断に至ることがありえる。しかし、交尾に至らなかった事例がすべて「交尾のタイミングではなかった」と断言できるわけではない。なぜなら、厄介なことに、この膣探査行動の生起頻度は非常に高いからだ。メスがオスの前を通りかかっただけで、とりあえず指を突っ込む。場合によってはニオイを嗅いだりすることもなく、突っ込んだらそれでおしまい、ということもある。メスもオスに接近する際はお尻を向けるプレゼンティングと呼ばれる行動をすることが多く、メス同士でもこの膣探査行動が観察されるため、これは挨拶行動でもあるのではないかとさえ思えてくる。

本当に排卵周期を探っているかどうかは別として、とりあえず膣探査で「なにか」がピンとくると、オスは交尾に移行する。まれに膣探査行動なく交尾が始まることもある。ベニガオザルは一度のマウンティングでスラスト（腰を前後に振る行動）を経て射精に至る、シングルマウント・エジャキュレーター（Single-mount-ejaculator）と呼ばれる交尾様式をとるのだが、とにかくこのスラストが長い。スラストの持続時間は平均すると二三秒ほどで、最長記録は四分二三秒である。この長さはベニガオザル特有で、他のシングルマウント・エジャキュレーターのマカク属サルの二倍程あるとされている。[2] 射精までにこれだけ長く時間がかかっては、他のオスからの妨害によって交尾を妨げられてしまうおそれがありそうだが、実際には、妨害によって射精に至る前に交尾が中断したのは、四〇〇例以上の記録の中でわずか七例しかない。

スラストを始めたオスの多くは、歯をカチカチさせるティース・チャタリングと呼ばれる表情を呈する。まれに「グルグルグルグル」という音声が聞こえることもある。これは、歯をカチカチさせると同時に、舌を高速で出し入れしているからだろう。

ベニガオザルのティース・チャタリングと呼ばれる表情。00:04から口元を拡大、00:10からスローモーション。3秒ちょっとの間に何回アゴが開閉しているか、カウントできるだろうか？

〈動画URL〉https://youtu.be/4q0QUgr6a8I

ベニガオザルのオスの交尾音声。動画では00:07で射精し、その後動画の最後まで鳴き続けている。「ゴッゴッゴッゴッ」という短い音声と、「ゴーー、ゴーー、」という長い音声が組み合わされている。

〈動画URL〉https://youtu.be/Ew-zV78UcYU

しばらくスラストを続けると、射精に至る。この時、オスの体は硬直し、小刻みに痙攣する。この仕草は明確なので、非常にわかりやすい。射精に至ると、オスは特有の音声を発することがある。「ゴーー、ゴーー、ゴーー」ないし「フゴーー、フゴーー、フゴーー」あるいは「ゴッゴッゴッゴッ」という感じだろうか。これには結構個体差がある。「発することがある」というのは、中には音声を押し殺して静かにしているオスもいるからである。押し殺している、というのがわかるのは、声が出ていないのに唇が突き出るからである。オスが交尾音声を発するという現象は、ベニガオザルに特有とまでは言えないが、マカク属内では珍しい特徴の一つである。

おまけに、射精時には「セクシュアル・ハラスメント行動」（人間社会で言われている「セクハラ」とはまったく関係のない、動物行動学上の表現である）として記載されている行動が起きることがある。交尾中のオスが射精した途端に、周りからいろいろな個体がワッと集まってきて、一斉に交尾中のオスやメスの毛を引っ張ったり、顔を引っ叩いたり、周りをグルグル走り回ったりと、ちょっかいを出す。射精するその瞬間までまったくの無関心を装っていた個体たちが、射精と同時に我先にと交尾中のオスメスに突撃していく様子は何度見ても笑ってしまう。そして、この行動の意味や機能がよくわからない。この行動を「セクシュアル・ハラスメント行動」と呼んでいるのは、過去の先行研究の記載に従っているからであるが、私の行動記録データをいかように解析しても、交尾の妨害等の機能を果たしているとは言えない。よって、これを「セクシュアル・ハラスメント行動」と表現するのは不適であると私は考えている。代わりに我々は「モビング行動（野次馬のように集まって

交尾中のオスメスペアに対し、4頭の個体がちょっかいをかけている。動画00:02で射精、その後周囲から3個体が集まってきて、オスの顔を叩くなどのモビング行動（00:09あたり）をしている。00:13ごろにもう1頭がモビングに加わり、交尾ペアに対してちょっかいを出す。モビング行動は00:32まで続き、やってきた個体は自然に解散する。　〈動画URL〉https://youtu.be/w4Q6tNEMHd0

くる行動）」と仮称している。

交尾の一連のシークエンスは射精後も続く。射精したオスは、メスをそのまま抱きかかえて座り、動かずにじっとしている。これを「ペア・シット」と呼ぶ。平均して1分ほど続くが、長いと3分を超えることもある。「モビング行動」が起きれば、オスはメスと離れないように必死になってしがみつきながら、群がる他個体を追い払うことになる。このペア・シットの機能についても確かなことはわかっていないが、精液は膣口で空気に触れると固まって栓（プラグ）になり、膣内の精液が漏れ出るのを防ぐ機能があるため、オスはそのプラグができるまで待っているのではないかとされている。ペア・シットを終えてメスから離れたオスは、ペニス内に残った精液の細い塊をスルッと取り出して、多くの場合は自分

オスのペニスから抜かれて捨てられた精液の塊

で食べてしまう。まれに食べずに捨てる個体もいるため、捨てたことが確認できた場合は現場に急行してその塊の写真を撮る。モタモタしていると、他の個体がやってきて食べてしまう。

こうした一連の行動を、中腰になりながら、手ブレしないように、交尾ペアがフレームアウトしないように、息を殺しながら細心の注意を払って撮影する。一通り交尾が終わりオスとメスが離れたら、録画を停止し、まずはホッとひと息つく。

イテテテ、と腰をさすりながらメモを残すのもつかの間、すぐにまた忙しくなる。ベニガオザルの交尾は、一回起きると、その後も同じペア間で短時間に立て続けに起きることがあるからだ。これを「連続多数回交尾」という。ほとんどの場合、ある交尾から次の交尾までの間隔は五分から一〇分程度で、一〇回前後繰り返されることが多い。こうした交尾を繰り返すのは、群れの中でも「強いオス」たちだ。周辺でこっそり交尾をするオスの場合、その後しばらく注意して観察していても、繰り返し交尾をすることはめったにない。

連続多数回交尾の最多記録は、Third群の中心オスである小野寺くんが二〇一六年一〇月三日に達成した三一回である。最初の交尾が始まったのが一〇時五六分、一連の連続交尾が終わったのが一四時一四分。三時間あまりの間に、ほぼ五分に一回の頻度で交尾を繰り返した。先述の通り、彼らはシングルマウント・エジャキュレーターである。つまりこのオスは、三時間で三一回も射精したことになる。人間では想像もできない。このオスの驚異的な体力にはただただ感服するばかりである。

「連続多数回交尾」の謎

この連続多数回交尾について、誰もが素朴な疑問を持つはずだ。「そんなに交尾を繰り返して、精子が枯れないのか?」である。オスは基本的に、一日に産生できる精子の量も、蓄えておける量も、大体決まっている。ベニガオザルだけ特別に秒速レベルで次々に新しい精子を大量生産できる生理機構を進化させているとは思えないし、オスたちが状況に応じて意識的に一回あたりの射精に割り振る精子量を調整するという能力もないだろう(もしあったらすごい発見である)。

この疑問について、確証を持って答えることはできないが、いくつかの状況証拠から仮説を立てることは可能だ。結論から言えば、「一回の交尾で送り込める精子量」という観点から見れば、連続多数回交尾、特に一〇回を超えるような交尾の後半はほとんどが「空打ち交尾」なのではないだろうかと私は考えている。その理由の一つは、精液の塊の観察からの印象だ。二〇一六年六月一六日、一一時五分から一二時二二分にかけて、Fourth群のオスの徳川くんが八回の連続交尾をしたのだが、この日、徳川くんは自分の精液の塊を食べずに毎回捨てていた。私がそのたびに急行して残された精液塊を観察したのだが、回数を重ねるごとに、細い塊の透明度が上がっていったのである。もちろん、色が白い(透明度が低い)から精子濃度が高い、という根拠があるわけではないのだが、だんだん色が透明になっていくということはすなわち、なにかの濃度が薄くなっているということではないだろうか、と予想はできる。回数を重ねるごとに薄くなっていくものがあるとすれば、精子がまさにその筆頭候補だ。もちろん、仮に精子濃度がどんどん薄くなっていったとしても、交尾の機会があれば限界まで精子を送り込むことがオスにとっては有効な戦略である、という可能性も排除できないが、体力の消耗などのコストを考えると、割に合わないのではないかと思える。実際に「空打ち交尾」になっているのかどうかを検証するために、いつか真剣に、射精回数と精子濃度の関係を実験で調べたいと思っている。

オスはなぜ射精時に声を出すのか

ベニガオザルではオスが射精時に音声を出すこと、そしてこれがマカク属では珍しい現象であることは先に述べたとおりだ。マカク属でメスが発情音声ないし交尾音声を発する理由としては、メスがあえて自身の発情や交尾を周囲に宣伝することで、そのメスをめぐるオス間の競争を煽っているのではないかとされており、音声のみならず他の発情兆候の有無(性皮の腫脹や顔色の変化など)と一緒に議論されている。その点において、ベニガオザルのメスが交尾音声を発しないことは、他の

交尾音声を発するオス

発情兆候が見られないという特徴と一致しており、これは発情を宣伝する戦略ではなく隠蔽する戦略を採用しているからだと考えられる。

しかし、だからといってオスが代わりに鳴く必要があるのだろうか？　発情を隠そうと必死なメスに対して、オスが交尾していることを宣伝してしまうと、逆効果な気がしてならない。ベニガオザルのオスの交尾音声の機能を考える上では、マカク属のメスの交尾音声の機能とはまったく別の視点、つまり「異性に宣伝して競合を煽る」という枠組みから抜け出して考えなければならない。

一般に、動物の音声というのは、「発声する」という行為自体が意味を持つのみならず、その「音声」そのものも意味を持つ。なぜならば、発した声の音響的特徴には、発声者の身体的属性が否応なく反映されてしまうからである。

例えば、声の高い低いは、声を出す時の喉の大きさ、正確に言うと声道の長さと相関がある。金管楽器のトロンボーンを思い浮かべてほしい。トロンボーンはスライド管を伸ばしたり縮めたりすることで音の高さを変える楽器である。七つのポジションがあり、一ポジションずつ伸ばすたびに音は半音ずつ低くなる。つまり管が長くなるほど、音が低くなる。声も同じで、声道長が短ければ高くなり、長ければ低くなるということだ。そして、この声道長というのは、理論上は体サイズと相関する。つまり、声が低いということは、声道長が長い（喉が大きい）ということであり、そこから推測される身体的属性は「体が大きい」ということになる。音声を縄張り誇示に使っている種では、この音響特徴は、見えない相手の強さを推測する上で有益な手がかりだ。今から縄張りを横取りしようと画策している時に、相手が高い声で鳴いていれば、もしかしたらケンカで勝てるかもしれないし、逆に低い声で鳴いていれば勝ち目がないかもしれない、ということが判断できるからである。

このアイデアを強引にベニガオザルのオスの交尾音声に当てはめた場合、ベニガオザルのオスは、交尾音声によって自らの身体的特徴を宣伝しているとは考えられないだろうか。つまり、「交尾音声が低いオスは、体が大きいということなので、すなわち強いオスなのではないか?」という仮説にたどり着く。もともと順位関係がはっきりしないベニガオザルだが、なんとなく強いオスと弱いオスの交尾音声の音響特徴に有意な差があれば、これは大きな発見かもしれない。

さっそくこの仮説を検証すべく、交尾音声の音響解析に取り組んだ。分析には交尾を録画した映像から音データを抽出して使った。音データの中からオスの交尾音声の区間を切り出してきて、共鳴周波数を解析する。共鳴周波数は声道長によって決まっているので、そこから発声者の体サイズが推定可能だ。そして解析した共鳴周波数から推測される体サイズが、群れ内の強さと相関があるかどうかを調べた。

結果は残念ながら、声の低さは群れ内の社会的な順位とは関係がないというものだった。ベニガオザルの場合は、体が大きいからといって「強い」わけではないようだ。音声の区切り回数（「ゴーー、ゴーー」と鳴くか「ゴッゴッゴッゴッ」と鳴くかの違い）や、音声の継続時間（「ゴーーーーー」と鳴くか「ゴーー」と鳴くかの違い）も解析したが、個体差が大きくて、結論は出なかった。結局のところ、声の高い低いは順位とあまり関係なく、そもそも「音声を発するか否か」そのものが、そのオスの順位と関係がある、という観察の印象そのままのシンプルな結果になった。[3] もし音響特性との相関が出たら、生物学研究としてはかなりインパクトがあっただろうが、その夢は幻と消えた。

しかし、私にとっては、声の高い低いに関係なく、中心オスは鳴きそれ以外の弱いオスや周辺オスは鳴かな

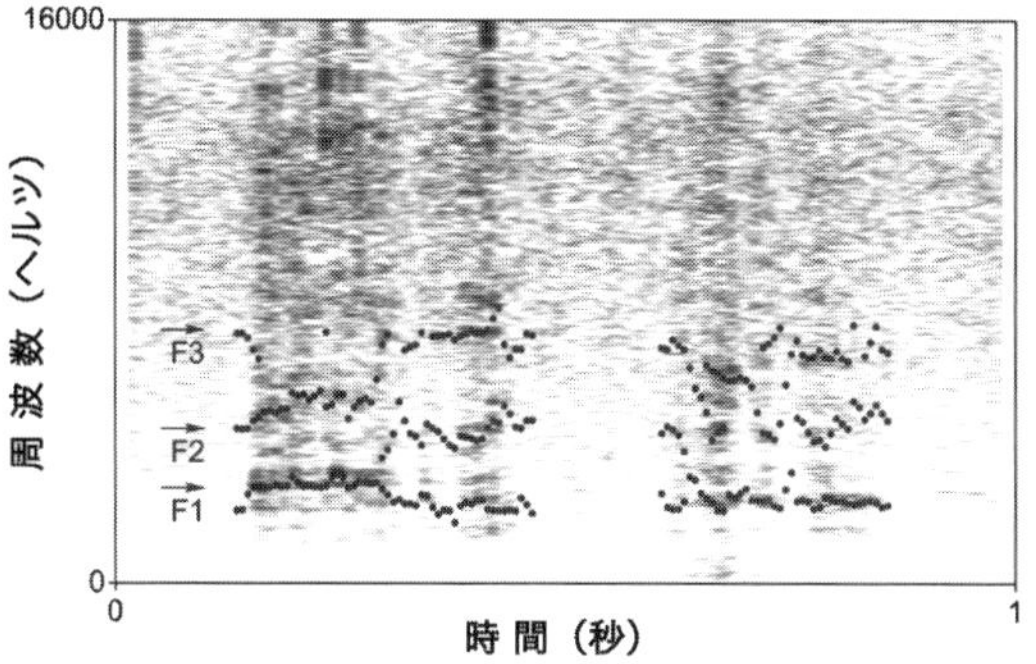

図7　交尾音声のスペクトグラム

Praatという音声解析ソフトを用いて可視化したベニガオザルの交尾音声。「ゴッゴッ」という2音分を可視化している。F1〜F3はそれぞれ共鳴周波数を示す。

い、というシンプルな結果に十分納得した。おそらく、オスは音響特性でメスにアピールをしているのではなく、鳴くことで他のオスたちを威圧しているということだからだ。交尾音声を出せる、ということは、中心オスの「特権」なのだ。だからオスたちは区切り回数も持続時間もそれぞれ好き勝手に鳴いているのかもしれない。とにかく「今は俺様が交尾中だ！」というメッセージを送ることが重要で、ある種の〝誇示行動〟として機能しているのだろう。

ちなみに、鋭い読者はもうお気づきかもしれないが、「オスの交尾音声を、身体属性を反映する正直な信号として、メスが配偶者選択に利用してはいないだろうか？」という疑問も残っている。

この疑問について考えるときに注意しなければならないのは、オスが交尾音声を発するタイミングである。オスは射精した直後から発声を始めるために、その時交尾しているメスがそのオスの音声を聞いて「この声は魅力的ではない」と思ったところで〝時すでに遅し〟、その交尾をなかったことにはできない。つまり、オスの交尾音声がメスの配偶者選択に影響を及ぼすとすると、「過去に」自分ないし他のメスと交尾していた時に聞いたオスの音声の記憶を手がかりに、「将来の」交尾相手を選択するという、時差を伴う点がややこしい。

メスたちが過去に聞いたオスの交尾音声を手がかりに「次はこのオスと交尾したい」と思うことがあれば、面白い現象だ。しかし、これを証明することは非常に難しい。なぜなら、特定のメスが「オスの交尾音声を聞かなかった場合に」将来交尾するはずだったオスというものを予測できないために、そのメスが「オスの交尾音声を聞いた」ことの影響によって、その将来の交尾相手の選択を変更したかどうかを明らかにすることは実質的に不可能だからだ。さらに、仮に交尾が起きた時に近くにいたとしても、それを「注意を払って聞いているかどうか」はわからないし、実際に聞いていたとしても、音声情報の記憶がどれほど長く保持されるのかもわからないので、交尾音声を聞いたことによる影響の及ぶ期間を算出することもできない。さらに、交尾時に音声を発しないオスであっても選ばれるのはなぜか、という問題も噴出してくる。オスの交尾音声がメスの交尾相手の選択にどのように影響するのかを明らかにする研究は、まだまだ道のりが長い。

協力してメスを囲うオス

ベニガオザルの交尾が短い時間に立て続けに起こることがあることを紹介したが、この連続多数回交尾にはもう一つ、非常に興味深い特徴がある。あるオスが交尾をしている最中に、別のオスが傍までやってきて、近くで待機していることがある。交尾が終わってペアが離れると、後からやってきたオスが「次は私の番です」と言わんばかりの態度でメスを捕まえ、交尾を始めるのだ。先に交尾していたオスはそれを気にする素振りもなく許容する。しかし、それ以外のオスが近づいてくると、威嚇したり追い払ったりするのだ。どうやら同じメスと一緒に交尾をすることを許容する特殊な「仲間」のようなオスがいるらしい。「仲間」が交尾を終えると、今度は自分が再び交尾を始める。これを私はベニガオザルの連続交尾の文脈における「連合形成」と呼んでいる。

「連合形成」というのは、厳密には攻撃交渉場面において用いられる用語で、個体Aと個体Bがケンカをしている際に、第三者の個体Cが、AかBのどちらかに加担することを指す行動とされる。ケンカをしている個体AとB、および介入者の個体Cの三者の社会的順位によって、連合のタイプがいくつかに細分化される。例えば、社会的順位の高い二頭が連合する場合はオール・ダウン連合、社会的順位の低い二頭が連合して順位の高い個体を打ち負かす場合を革命的連合ないしオール・アップ連合と呼んだりする。[4]

ベニガオザルにおける「連合形成」は、先にも述べたとおり、連続交尾場面で表面化する特殊な関係性であり、攻撃交渉場面での行動ではないため、厳密には「連合」にはあたらないとする指摘もある。しかしながら、他にこの特殊なオス間関係を表現する単語が見当たらないため、本書では「連合」で統一したい。

ベニガオザルにおけるこの連合形成は、れっきとした協力行動の一形態である。共同でメスを囲い込み接近する他オスを排除するには、競合する他オスとのケンカに巻き込まれるリスクを負うことになる。このリスクを共同で負い、メスを一緒に防衛する。そうして資源であるところのメス（厳密にはそのメスとの交尾機会）を獲得したら、今度はお互い交互に交尾することを許容するという形で、得た資源を分配している。

説明すると非常にシンプルに聞こえるかもしれないが、この連合形成という協力行動は、重大な二つの疑問を内包している。一つ目は、マカク属という母系社会をもつ種において、なぜオス同士が協力的な行動を取ることができるのかという点。そして二つ目は、交尾機会は分配可能であるとしても、生まれてくる子どもの父性までは分配不可能だという生物学的拘束条件をどう認識しているのか、という点である。

疑問① なぜオス同士が協力できるのか

ベニガオザルを含むマカク属サルは、どの種も基本的には母系的な社会をもっている。母系社会とは、群内においてメスが血縁関係を維持する社会のことだ。群内で生まれた子どものうち、メスは一生その群れに留まり、母娘・姉妹という血縁関係を基盤に個体間関係を構築していく。一方で、オスの場合は成長して性成熟前後になると自分が生まれた群れから別の群れへ引っ越していく。これを移籍あるいは分散という。つまり、ある群れにおいて、メスはその群れで生まれた個体ばかりで、家系や血縁関係がはっきりしているが、オスはみんなどこかからやってきた「よそ者」なのだ。その「よそ者」同士が協力できるということ自体が、まずもって大きな驚きなのである。

人間は、他人に対しても協力的に振る舞うことができる。例えば学校の友達や会社の同僚、ご近所さんを想像してほしい。ほとんどの場合、これらはみな、自分とは血縁関係がない「赤の他人」である。しかしながら、共通の目的を達成するために、お互いに助け合い協力することができる。だからこそ、農業革命で余剰食糧生産が可能になったときに人間は規律ある大規模集団からなる高度に発達した社会を形成できたとされており、これは非常に特殊な能力の一つだと言っても過言ではない。多くの動物において協力行動は、血縁関係がある個体同士の間で見られるのが一般的だ。なぜベニガオザルにおいて、血縁関係にないはずのオス同士が、貴重な繁殖資源をめぐる競合において協力できるのだろうか?

疑問② 生まれてくる子どもの父性の分配問題

メスが一度に妊娠出産する子どもの数は一頭だ。その子どもは、メスの配偶子(卵)とオスの配偶子(精子)との受精によって誕生する。よって、メスが生む一頭の子どもの父親は、当たり前だが一頭しかいない。複数のオスが協力して交互に仲良く交尾をしたところで、究極的な獲得資源であるところの「次世代の子の父性」までは分割不可能なのだ。誰かひとりしか、特定の子の父親にはなれない。

私はこれを連合形成における「交尾成功」と「繁殖成功」の条件付きトレードオフだと考えた。「交尾成功」とは実際にどれだけ交尾ができたかを意味し、「繁殖成功」とは実際にどれほど子どもを残したかを意味する。「繁殖成功を最大化する」というのがオスの生物学的使命だが、配偶形態が乱婚型で父性が撹乱された社会をもつ種では、この「繁殖成功」はオスには認識不可能であり、行動にフィードバックを与えない。よって、「繁殖成功」を最大化するための手段として、「交尾成功」を最大化することが、オスにとって重要な戦略になってくる。

この交尾成功を高めるためには、単独で他と競合するよりも連合形成によってライバルを排除するほうが有利な場合がありえる。ひとりで複数の相手と競合しても一向に勝てないかもしれないが、

連合を形成して交尾機会を共有するオスたち。

仲間と一緒に戦えば勝率が上がってメスへのアクセス権が獲得できるようになるかもしれない。一方で、実際にどれだけの子どもを残したかという「繁殖成功」を高めようと思ったら、連合仲間と交尾を共有していては都合が悪い。なぜなら、そのメスが生む子どもの父性の期待値を連合仲間で分割することになるからだ。

自分ひとりでそのメスと交尾すれば、そのメスが生む子どもの父親は自分である可能性が高まるが、例えば二頭で交互に交尾した場合、子どもの父性を獲得できる確率は単純に仲間の頭数（二頭）で割った値（二分の一）になる。さらに連合する仲間の頭数が三頭、四頭、……と増えるにしたがって、子どもの父性を獲得できる確率は三分の一、四分の一、……と下がっていくことになる。したがって、連合形成が繁殖戦略として有利になりえるか不利になるかは、そのオスが単独で他と競合した場合にどれだけ勝てるのか、別の言い方をすれば、その群れ内のオス間の繁殖競合がどれだけ高いのかによって決まってくる、という構図になっている。

交尾成功の最大化のために連合形成が有利だと判断する場合は、生まれてくる子どもの父性、つまり繁殖成功については、みな精子競争に任せて仲間内では均等に期待値を分割するという前提がなければばならない。誰かがズルい技術を持っていて、他オスを出し抜いて受精確率を高めているという「裏切り行為」があれば、理論上、協力関係は成立しなくなる可能性が高い。よって、連合オスたちの間で、どれくらい父性が均等に分割されているのか（あるいは父性が特定のオスに偏るのか）を明らかにすることは、この連合形成が真に協力行動と呼べるか否かを判断する上でも重要な仕事である。

このように、ベニガオザルの連合形成という協力行動を理解するうえでは、明らかにしなければならない課題がいくつかある。これらの課題について、本章第2節以降で順を追って論考していく。

連合を組むメリットとデメリット

私の調査地には五つの群れが生息しているが、連合形成が見られるかどうかはその群れごとに決まっている。Ting群、Nadam群、Fourth群ではオス同士の連合形成が観察された一方で、Third

群と分裂群のWngklm群ではこうした連合形成は見られなかった。ここでは便宜上、前者を「連合形成群」、後者を「単独競争群」と呼ぶことにする。

まずはそれぞれの群れの交尾成功率を見ていこう。連合形成群の三つの群れでは、いずれも連合オスたちは群内で観察された交尾の八割以上を占有することに成功していた。これは圧倒的な占有率で、他のオスに交尾機会をほとんど与えていない。連合に関与しているオス以外の交尾は効率的に抑制されている。この傾向は三つの群れに共通だが、連合内部での交尾成功の偏りには、群れによって若干の違いが見られる。

まずTing群では、連合形成に参与するオスの数が多いという特徴がある。一度でも交尾機会の共有を許容されたことがあるオスは、全部で九頭もいた。この九頭のオスたちは、主に四つの連合の組み合わせに分かれていた。九頭のうち、最も交尾占有率の高い約三割を占めるオスが一頭、次いで約二割を占めるオスが二頭いる。これら三頭のオスが連合の核となり、そこに他のオスが少し交尾機会を分けてもらえるという様子になっている。これはおそらく、Ting群が最も大きい群れであることと関連していると思われる。群れサイズが大きければ、当然ながら群内にいる競合オスの数も多いし、囲い込まなければいけないメスの数も多い。交尾が観察された日あたり、何頭のメスが交尾していたかを分析すると、Nadam群でもFourth群でも、一日一頭だけだった割合がそれぞれ八六%と七九%だったのに対し、Ting群では五六%であった（ちなみに、連合がないThird群とWngklm群ではそれぞれ七四%と八六%）。Ting群では、交尾が起きた日の半分近くで複数のメスが交尾しており、その割合は他群よりも高い。つまりTing群のような大きな群れになると、「同時発情」とも言えるような、一日に交尾可能なメスの数が増えることを意味している。よって、大きな群れでは連合に参加するオスが多いほうが、複数のメスが同時に発情するような場面においても、効率的に発情メスを発見し防衛することができるということだろう。

他の連合形成群のNadam群とFourth群では、連合に参与する個体はそれぞれ二頭と三頭で、Ting群に比べると少ない。また、その数少ない連合仲間の間では、必ずしも交尾成功が均等に分配されているわけでもない。Nadam群においては一頭が他方の三倍も交尾回数を占めているし、Fourth群においても一頭が過半数を占めている。つまり、その群れで一番強い中心オスが、自分の次に強いと思われるオスたちと協力することで、資源を根こそぎ占領してしまうというオール・ダウン型の連合形成に似た構図になっているようだ。上位者による結託は、揺るぎない絶対的な力をもたらすので、ある意味で賢い戦略である。

連合に加わる側のオスたちにとっても、中心オスと競合するよりは連合仲間になったほうが有利だと思われる。交尾回数は均等に分けてもらえなくても、交尾できるメスの数自体は増える可能性があるからだ。実際に精子競争においては、各オスが送り込んだ精子量によって受精確率に違いがあるかもしれないので、自分の精子が受精する確率は連合頭数分で割った期待値よりも低くなることはありえる。しかし、そうであったとしても、中心オス以外のオスにとっては、メス一頭との交尾回数を増やすよりも、交尾するメスの数を増やすほうが、繁殖成功の期待値を上げるという目的に照らして考えれば有利な戦略になっている可能性が高い。メス一頭との交尾回数を増やしたところで、どれだけ頑張っても期待値の最大値は1（一頭のメスが生む一頭の子どもの父親になれる）だが、連合に参加して多くのメスと交尾する機会を得ることができれば、期待値の最大値は1を超える（複数の子どもの父親になれるかもしれない）と考えられるからだ。

興味深いことに、連続多数回交尾一事例（一頭のメスとの一連の連続交尾）あたりに参加できるオスの数は、どの群れでも最大三頭で頭打ちになる。例えば、Ting群で連合形成に参画していた九頭のオスの場合は、メス一頭との交尾あたり、オス三頭を超えない範囲内で連合が組まれるということである（連合が四組あるというのは、九頭のうち連合を組んだ三頭の組み合わせが四つある、という意味である）。なぜ三頭で頭打ちになるのか、その理由は現段階では定かではない。おそらく、一頭のメスとの交尾に関与するオスの数が多すぎると、①オス一頭当たりの獲得父性の期待値が下がる、②「フリーライダー」と呼ばれるタダ乗り行為をする者が現われ始めて協力関係が崩壊する、③そもそも四頭以上になると個体間関係の認識ができなくなる（認知能力の限界）、の三つの可能性が考えられる。最後の「認知能力の限界」説は、考え始めると奥が深い。霊長類では実験下において、二頭での協力行動の再現は可能であるが、三頭以上になると極端に難しくなると言われている。ベニガオザルはこの限界を一頭分、突破している。防衛すべき「メス」を巡って、「自分」「仲間A」「仲間B」という三者間の関係性を理解できているということになるからだ。だからといってベニガオザルを「一番賢い霊長類」などと言うつもりはないが、彼らの複数項関係の認知限界については、いつかちゃんとした野外実験によって認知科学的に検証してみたいと思っている。

一方で単独競争群の場合、結果はシンプルだ。一頭の中心オスが単独で八割から九割もの交尾を占有している。もちろん、私が観察し逃しているものもあるため、実際にはこの占有率はもう少し低いだろう。それであっても、中心オス一頭でも群内の繁殖競合で十分優位なのであれば、それに越したことはない。単独での交尾機会の占有が群れの社会条件的に可能なのであれば、中心オスはわざわざ連合を形成する必要はないということになる。

交尾占有率だけを見ると、単独競争群の中心オスと、連合形成群の連合オスたちは、各々の群れで同程度の交尾成功成績を残していることになる。つまり連合形成は、中心オスが単独で戦っても独占を達成できない時の代替戦略と言えるだろうし、実際にそれで間違っていないとも思う。しかし、連合を組んでやっと交尾の多数を占有できたところで、繁殖成功の期待値を連合仲間で等分するのだとすれば、交尾成功・繁殖成功期待値ともに単独で占有している単独競争型の群れの中心オスのほうが繁殖戦略上得るものが多いはずだ。仮に三頭で連合を形成して八割の交尾を占有しても、繁殖成功の期待値はその三分の一、約二七%になってしまうのであれば、単独で競争し三〇%の交尾の占有を達成することで連合を組むことの恩恵を凌駕できるし、実際にある程度強いオスであれば三〇%くらいなら十分実現可能な範囲だろう。つまり、一頭で圧倒的に占有できない場合に連合形成が代替手段となりえるためには、交尾占有率以外になにか理由があると考えるのが自然な流れだ。

連合形成の有無によって、大きな違いを生んでいる要素が一つある。それは、交尾が観察されたメスのカバー率だ。交尾が観察されたメスのうち、それぞれの交尾相手が誰であったかを調べたところ、連合形成群では、ほとんどのメスの交尾相手は連合参加オスであった一方、単独競争群では中心オスが交尾相手だったメスの割合は約半数に留まる。つまり、単独競争群では、特定のメスとの交尾を独占している代わりに、その他のメスとの交尾機会を取りこぼしているということだ。そういう中心オスが見落としているメスたちは、交尾回数こそ少ないものの、群れの周辺部で中心オス以外のオスや群外のオスとこっそり交尾することに成功している。いくら強いオスとはいえ、目は二つしかついていない。一度に見張れるメスの数には限りがある。自分が知らないところでこっそり交尾をされても、打つ手が無いのである。こういった場面で、強いオスの目を盗んで他の周辺オスが交尾をする際、交尾音声を出さずに静かにしていることも、発見できない理由の一つだろう。しかし逆に言えば、単独競争ゆえに群れに所属する二〇〜三〇頭のメス全員を監視して交尾を独占できないとしても、自分が父親であることが確からしい子どもを生んでもらうメスを毎年確実に数頭確保できれば、オスの生涯繁殖成功度という観点で見れば十分すぎるくらいだ、という解釈もできる。まさに、「足るを知る」繁殖戦略なのかもしれない。

一方で連合形成群の場合は、複数のオスによってメスを見張っているために、取りこぼしが少ない。交尾をしたメスのほとんどを占有しており、他オスに与える隙がない。これはやはり、連合仲間との父性期待値分割が大きく影響を与えていると思われる。一頭のメスについて、最大三頭の連合を形成し、仲間内で繁殖成功の期待値を分割するとなると、占有できるメスの数が少なければ、得られる利益も少ない。しかし、連合を形成し、複数頭でメスたちを見張り、交尾のタイミングを見逃すことがなければ、多くのメスと交尾できることになる。メス一頭あたりの自分の子どもを残せる期待値が低くても、複数のメスと交尾する機会を獲得できれば、どこかで自分の子どもを一頭は残すことに成功できるかもしれない。

このように、連合を形成するか否かは、群れ内にいるオスの数やメスの数、オス間での繁殖競合度合いといった、その時の群れの社会的条件によって説明可能だ。連合が見られるか否かが「群れごとに決まっていた」のはおそらく、私が調査をしてデータを取っていた約二年間、連合形成の有無に影響を与える社会的要因が大きく変化した群れがなかったからだろう。社会条件が安定していると、その群れ内での繁殖競合度合いも安定している。その中で、連合形成が有利となる条件が揃っていた三つの群れでは連合が観察され、そうでなかった二つの群れでは連合が起きなかった、ということであり、連合を形成するかしないかについて群れごとに厳格なルールが決まっているわけではない。私が博士研究を終えて以降、それまで連合形成が見られなかった単独競争群のThird群で中心オスの小野寺くんが突然Ting群に移籍して大きな社会変動が起きたが、のちに新たに台頭してきたオス同士の間では連合形成が起きたのを短期調査で確認している。ベニガオザルのオスの繁殖戦略は、所属する群れの社会的条件に応じて柔軟に変化しうることを示している。同所的に生息している同一種内でありながら、群れごとの社会状況に応じた繁殖戦略が採用されているというのは、非常に興味深いことである。

2 難関に挑む——父子判定への道

野生動物で〝父親を特定する〟ということ

さて、いよいよ実際の繁殖成功について見ていくが、結果を紹介する前に、まずは野外調査で父子判定をするとはどういうことかをお伝えしたい。

「父子判定を実施しました」というと、非常に簡単なことのように聞こえるかもしれない。人間のように、婚姻関係にある夫婦とその子どものDNAサンプルが揃っていれば、父親であるかどうかが判定できるという「キット的ななにか」があると思う人もいるだろう。しかし実際に野生動物において父子判定を実施する研究は、その実験系を確立するのと同じくらい、あるいはそれ以上の苦労を伴う。

人間でおこなわれる父子判定の多くは、「この子どもの父親はこの男性ですか?——Yes or No」を判定するものである。婚姻関係にある夫と妻の間に子どもが生まれたとすれば、制度上は、その子どもの父親は夫ということになるが、それが遺伝的に証明できるかどうかを検査するのが人間の父子判定だ。

一方で、私がベニガオザルでおこなう父子判定は、「この子どもの父親は誰ですか?」が問いである。先述の通り、サルの世界には制度的に規定された婚姻関係などないので、メスは基本的に誰と交尾をして子どもをつくってもよい。とすると、父親を特定する際に候補となりえるオスは、そのメスが妊娠した時に性成熟に達していた、交尾した可能性がゼロではないすべてのオスということになる。よって、理論上、調査地に生息するすべてのオスを父親候補とした父子判定を実施する必要がある。

細かい話になるが、父子判定の結果の解釈というのは結構ややこしい。特に野生動物を対象に実施する場合、厳密に言えば「このオスは、この子どもの父親です」とは断言できない。科学的に正確な表現は「このオスは、この子どもの父親候補から除外されませんでした」である。「父親候補から除外されました」であれば、それはつまり「父親にはなりえません」という意味なので、そのオスが父親ではないことは断言できる。しかし、「父親候補から除外されませんでした」というのはあくまでも「父親である可能性を十分に持っています」という意味でしかなく、判定に用いたオス以外のオスが真の父親である可能性を否定できないために、「父親です」とは言い切れない。

例えば、完全に外界から遮断されている隔離集団（例えば飼育施設で管理されている群れ）であれば、そこに存在するすべてのオスを候補として父子判定を実施して、ただ一頭だけが父親候補から除外されなければ、そのオスが父親であると断言しても構わないだろう。しかし野生条件であれば、もしかしたら、どこか遠くからふらりとオスがやってきて、交尾だけしてまたどこかへ行ってしまったかもしれない。もしかしたら、私が全頭識別していると思いこんでいるだけで、どこかにいまだ見つかっていない未知の群れがひっそりと存在しているかもしれない。もしかしたら、そういう未知の群れのオスが実は私の観察の至らぬ場面でこっそり交尾しているかもしれない。もしかしたら、もしかしたら……この「もしかしたら」を一〇〇%排除できない限り、「このオスが父親です」とは断言できない。

科学において「一〇〇%絶対」はありえない。私がどれだけ頑張ったとしても、これればかりは克服できない。しかしながら、「可能な限り一〇〇%に近づける努力」は怠ってはならない。調査地のベニガオザルたちで父子判定を実施するためには、①可能な限り判定精度の高い実験系を設計し、②交尾を見たか否かにかかわらず、すべてのオスのDNAサンプルを入手する努力をしなくてはならない。

遺伝解析手法の確立

博士研究として「父子判定による繁殖成功の評価」を掲げる以上、実際に「父子判定が実施可能であること」を確かめなければならない。ここで私は、当時京都大学霊長類研究所の集団遺伝分野の准教授だった川本芳先生のご協力をいただくこととなった。

父子判定は、マイクロサテライトDNAのフラグメント解析によっておこなわれる。マイクロサテライトというのは、数塩基程度の長さの単位配列が複数回反復する構造を持つ遺伝子の領域のことで、この反復配列部分の反復回数が個体ごとに変異に富むことが知られている。この変異情報をもとに、複数の座位（遺伝子の場所）の変異の多様性を解析し、子どもの遺伝子型から母親の遺伝子型を差し引いて、父親候補の中から合致する遺伝子型を持つオスを選んでくるという原理だ。この変異の多様性は、実際には特異的プライマーを用いてPCR増幅した際に、反復回数の差に依存する増幅産物の長さの違いとなって検出される。変異の多様性が乏しい領域だと、いくら解析してもみんな同じような遺伝子型ばかりで、個体を差別化できないため意味がない。父親の判定精度を上げるためには、できるだけたくさんの変異を持つ領域をたくさん調べることが重要だ。父子判定作業はまずはこの変異の多様性がたくさんある場所を増幅できるプライマー探しから始まった。

ニホンザルやカニクイザルなど、実験動物として用いられている動物については、遺伝子に関する情報もすでに豊富に得られている。つまり、どのプライマーを使うとどれくらいのバリエーションが検出できるか、大体わかっている。しかし、ベニガオザルとなると、そもそもマイクロサテライトDNAを解析した論文自体がほぼないため、どのプライマーでどれくらいのバリエーションを検出できるのかわからない。おまけに、ベニガオザルのサンプルなら何でもいいわけではなく、私の調査地の集団中における変異の多様性を調べなければならない。私はタイ当局からサンプルの輸出許可を受けて調査地集団由来のDNAサンプルをいくつか日本に持ち帰り、川本先生と一緒にプ

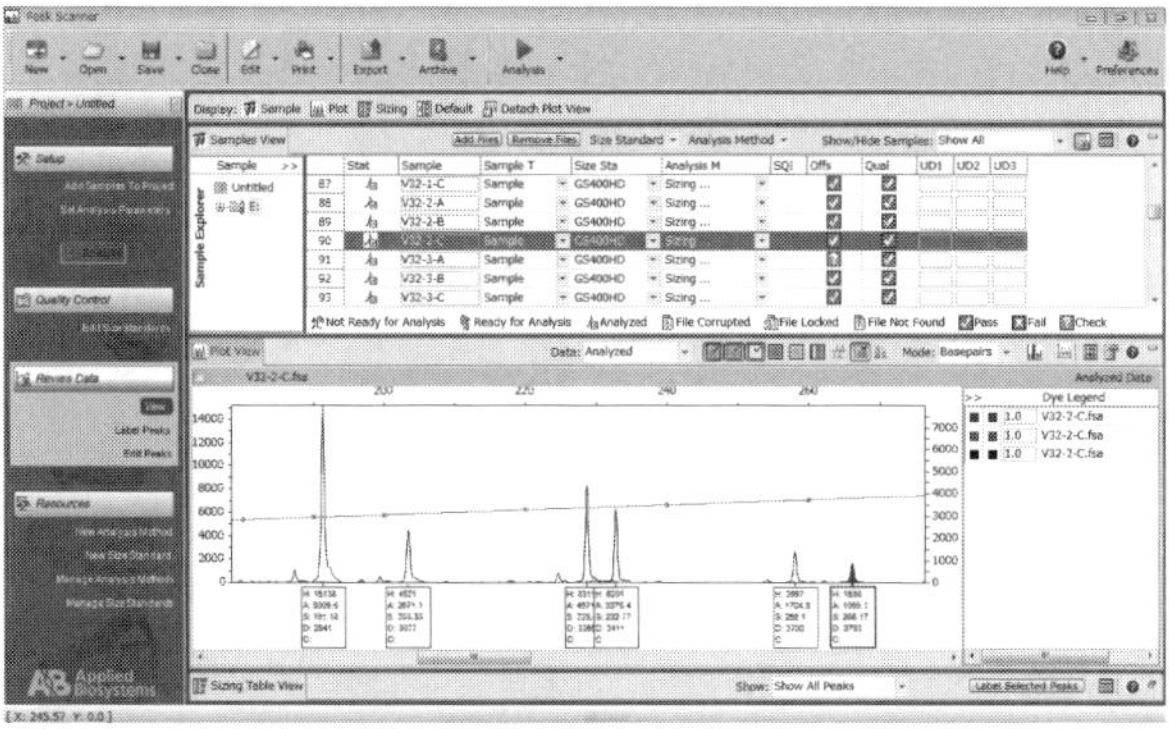

図8　マイクロサテライトDNA解析

図中に見えるグラフのピークが現れている場所が、それぞれ「増幅産物の長さの違い」を示している。この図は、ある1個体分のDNAサンプルから、3つの場所(3座位)について解析した結果である。

ライマー探しを始めたのだった。

しかし、これがなかなかに苦戦した。川本先生は、種の特定・産地推定・性別判定・個体判別と、ありとあらゆる情報を遺伝データから解読する集団遺伝学の専門家なので、それらの解析に耐えうるだけの情報を得られるように凄まじい数のプライマーを所有している。最初はマカクの近縁種での情報をもとによく使われるものを試せば、二〇種類くらいは有用なプライマーが見つかるだろうと楽観視していた。ところが、試しても試しても一向に変異の多様性が認められないのである。川本先生と冷蔵庫をあっちこっち探し回って使えそうなプライマーは手当り次第に試した。結局、常染色体に焦点を当てて六〇種類以上のプライマーを試したが、父子判定に使えるレベルの変異を検出できたのはわずか一〇種類しか残らなかった。それだけ、この地域集団は遺伝的多様性が低い、ということである。判定精度を考える

両師匠に挟まれて

左から川本先生、私、丸橋先生。2018年の日本霊長類学会（武蔵大学）にて、私の発表が表彰された際の記念撮影。

ともう少し数が欲しかったというのが正直なところだが、予備解析の結果、父子判定の実施には差し支えないことが確認されたので、プライマー探しはここで決着となった。一〇種類のプライマーの組み合わせや実験手順も確定させ、一時帰国の一か月ほどの短い間でなんとか実験系の確立にこぎつけたのである。

私の遺伝解析は、川本先生のご協力なくしては実施できなかった。私は学部・修士とホルモン分析をやっていたため、ラボでの実験に関する手技は一通り備えていたつもりだった。しかし、ＤＮＡ分析の方が遥かにコンタミ（異物の混入）に厳しく、また扱う液量が一マイクロリットル単位と圧倒的に少ない。おまけに遺伝解析が専門というわけでもない私は、実験手続きの詳細や原理を完璧に理解しているわけでもなかったため、実験に失敗しても原因を突き止められるだけの能力はなく、実質的にはゼロからのスタートに近かった。そんな私に、一時帰国中という時間制限の中で、自力で遺伝解析マーカーを探し当てて実験系を確立するなどという大仕事はできるわけもない。川本先生がいなければ、私の博士研究の片翼を担う「繁殖成功度の評価」は頓挫していたに違いない。

川本先生は、とても忍耐強く、決して妥協しない先生だった。連日朝から実験を何度も繰り返し、深夜に差し掛かりようやくその日最後と決めたPCRの結果が出てきて失敗だったと判明すると、私などは「もうオシマイだ、実験が成功する気がしない」と絶望的な気分になった。それでも川本先生は諦めず、「帰る前にもう一度、別条件でPCRを仕掛けましょう。そうすれば明日の朝イチで結果が読めますから」と言って淡々とプライマーの準備を再開する。どこかに必ず解があると信じ、とにかく精密に、とにかく緻密に、着実に一歩一歩実験を進める川本先生の背中を見ながら、真の研究者とはこういう人のことを言うのだと強く思った。

DNA採取の苦労

実験系の確立ができたら、あとは調査中に頑張ってサンプルを集めるのみだ。野外調査において、野生動物からDNAを採る方法はいくつか存在するが、最も一般的な方法は糞からの採取だ。糞の表面には、排泄される際の摩擦で腸管内壁の細胞が脱落して付着しているため、表面を拭うことでこれらの細胞を回収でき、そこからDNAを抽出できる。糞からのDNA採取は、捕獲して血液を抜いたり毛を抜いたりする必要がなく、動物を傷つけることがないため（非侵襲的という）、野外では最もよく利用される方法である。一方で、糞にはDNA以外にも様々なものが含まれており、中にはPCRを阻害する物質もあるため、きれいな結果が得られない場合もある。糞からうまくDN

Aを収集するのにはそれなりの経験とスキルを必要とする。

私はDNA分析を始めるにあたり、当初は糞由来のDNAを用いて予備実験をおこなっていた。しかしどうにも結果の再現性が悪かった。原因は、食べているものの影響でPCR阻害物質が多く含まれていたり、そもそもDNA収量が多くなかったり、得られるDNAの質が悪かったり、と様々考えられるのだが、とにかく何とか別の方法で、安定的に、かつ非侵襲的な手法で、高品質のDNAを採取する方法を模索せねばならなくなった。

突破口は意外なところにあった。どうしたものかと考えあぐねていた一時帰国中のある日、我が家の室内で飼っている犬がロープのおもちゃを噛んで遊んでいるのを見て、すぐに「これだ!」と思った。サルにロープをしがんでもらって、それを回収できれば、口腔内細胞由来のDNAが収集できる。口腔内細胞であれば糞表面の腸壁の細胞に比べて量が多く、PCR阻害物質も少ないために、高品質なDNAが高収量で採取できるはずだ。また、糞をするのをひたすら待ち続ける必要がないため、必要最小限の労力で効率よくDNA試料を収集できる。もはやこの方法に賭けるしかなかった。

私はさっそくホームセンターに行き、ロープを何種類か買ってきた。DNAを収集するためには、

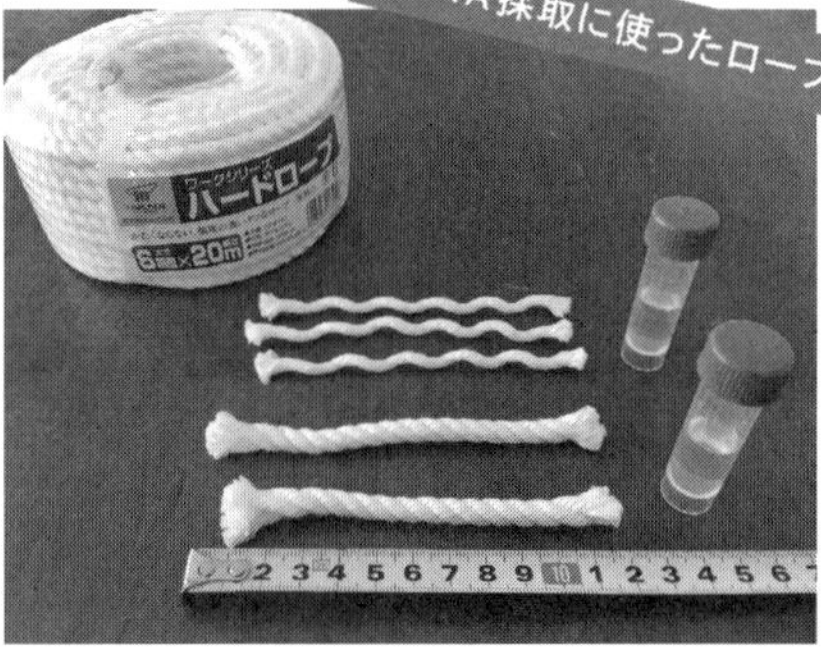

DNA採取に使ったロープ

他のDNAの混入を避けるために、事前にオートクレーブという機械で滅菌する必要がある。オートクレーブは高圧蒸気滅菌機とも呼ばれる、庫内を飽和蒸気で満たし高温高圧の下で滅菌する機械である。一〇〇度を超える高温条件下にさらされることになるため、ロープ素材の耐熱性が必要だ。かつ、サルがしがんでも簡単には破壊されない摩耗にも強い素材を選ばねばならない。いろいろと実験した結果、ポリエステル製のロープが使い勝手が良さそうだとわかった。素材選びが終われば、あとは現地で試すのみだ。ロープを大量に買い込み、一〇センチ程度の長さに切りそろえ、タイに持ち込んだ。現地のラボで滅菌し、密封して調査地まで運ぶ。

現地で試すにあたって、気を付けなければならないことがある。まず、私がロープを与えるところをサルたちに見られてはならない。「なにかいいもの」をくれる人だと思われてしまっては、餌付けに近い影響を与えてしまうからだ。なので、サルが来そうなところにロープをいくつか置いておいて、サルたちがそれを自然に見つけて口に入れてくれるのを待つしかない。また、サルたちがロープを食べることがないという安全性も確認しなければならない。

実際にいくつかロープを設置して試してみても、当初サルたちは一向にロープに興味を示さなかった。とりあえず拾い上げるものもいるが、眺めたりニオイを嗅いだりしたらそのままポイッと捨ててしまうことが大半だった。なんとか興味を持ってもらわねばならないので、ロープをオレンジジュースに浸す作戦を試した。これは大成功だったが、のちにオレンジジュースを使って取れたDNAサンプルでは解析がうまくいかないことがわかった。正確な原因は不明だが、どうやら果汁由来の酸がPCRを阻害しているらしかった。というわけで、オレンジジュースを使うのをやめ、薄い砂糖水に切り替えた。

噛むとほんのり甘いロープは、サルたちには好評だった。ロープ片を見つけると、自然に噛み噛みしてくれるようになった。作戦は大成功だった。あとは、サルがしがみ終えたロープを、他個体が触る前に回収する。回収したロープは、ライシスバッファーと呼ばれるDNA保存用の溶液が二ミリリットル入れてあるチューブに入れて保管する。この作業をひたすら続けた。コドモの場合はちょっと大変で、彼らは砂糖の味がしなくなった後もずーっとロープを咥えて遊んでいる。三〇分待ってもロープを捨ててくれないことはザラだった。中には縒ってある繊維をほぐしてバラバラにしてあちこちに捨てながら移動する厄介者まで現れた。細かくほぐされたロープは木の枝に引っかかってしまい、回収に苦戦することもあった。それでも、糞を待つより圧倒的に効率的で、得られるDNA試料からの解析結果も非常にきれいであった。こうして多くの個体から効率よく高品質なDNAを大量に収集できる手法が開発できたおかげで、私の遺伝解析は劇的に進んだ。

こうして「ロープ法」を開発した私は、どんどんDNAサンプルを集め、定期的に一週間程度の日程でバンコクに戻って、現地のラボで遺伝解析を進めた。集めたロープからDNAを抽出し、分析に十分な量のDNA収量があるかどうかをチェックする。収量が十分であれば、PCRにまわす。現地ラボにはシークエンサーがなかったため、PCR後は解析外注のためにPCR産物を現地の仲介業者に渡す必要がある。バンコク日程の最終日に会社にサンプル回収を依頼するので、実験作業

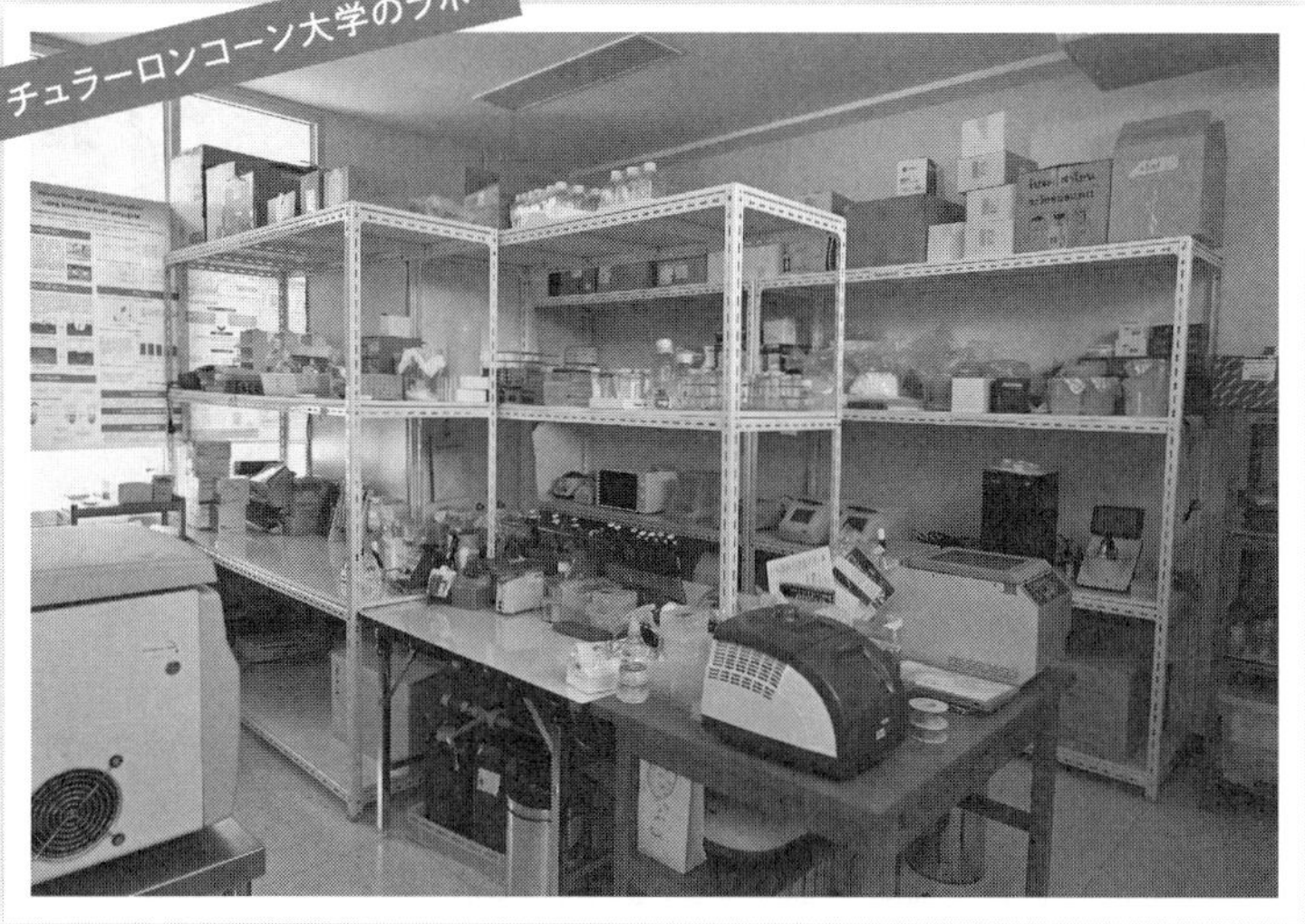

チュラーロンコーン大学のラボ

は前日夜までに終えなければならない。DNA抽出からPCRまでを一週間で完結させるためには、朝早くから作業を開始して、夜は日付が変わっても二〜三時頃まで頑張らなければならない。

こうして怒濤のような実験を終えて調査地に戻ると、数日したら外注に出した解析の結果が返ってくる。そのデータシートを専用の解析ソフトで、各サンプルの分析結果を一個一個確認しながら記録を取り、Excelに入力していく。これがまた骨の折れる作業で、結果が返ってくると半日は解析に時間を取られる。結果が出始めたら、まず確認すべきは母親とその子どもの遺伝子型データだ。母と子で五〇%はアリルを共有しているはずなので、もし一つでもアリルのミスマッチが確認されれば、「母親か子どもか、どちらかでサンプルを採った時に記名を間違えた可能性」があることになる。その場合は、改めて両者からDNAサンプ

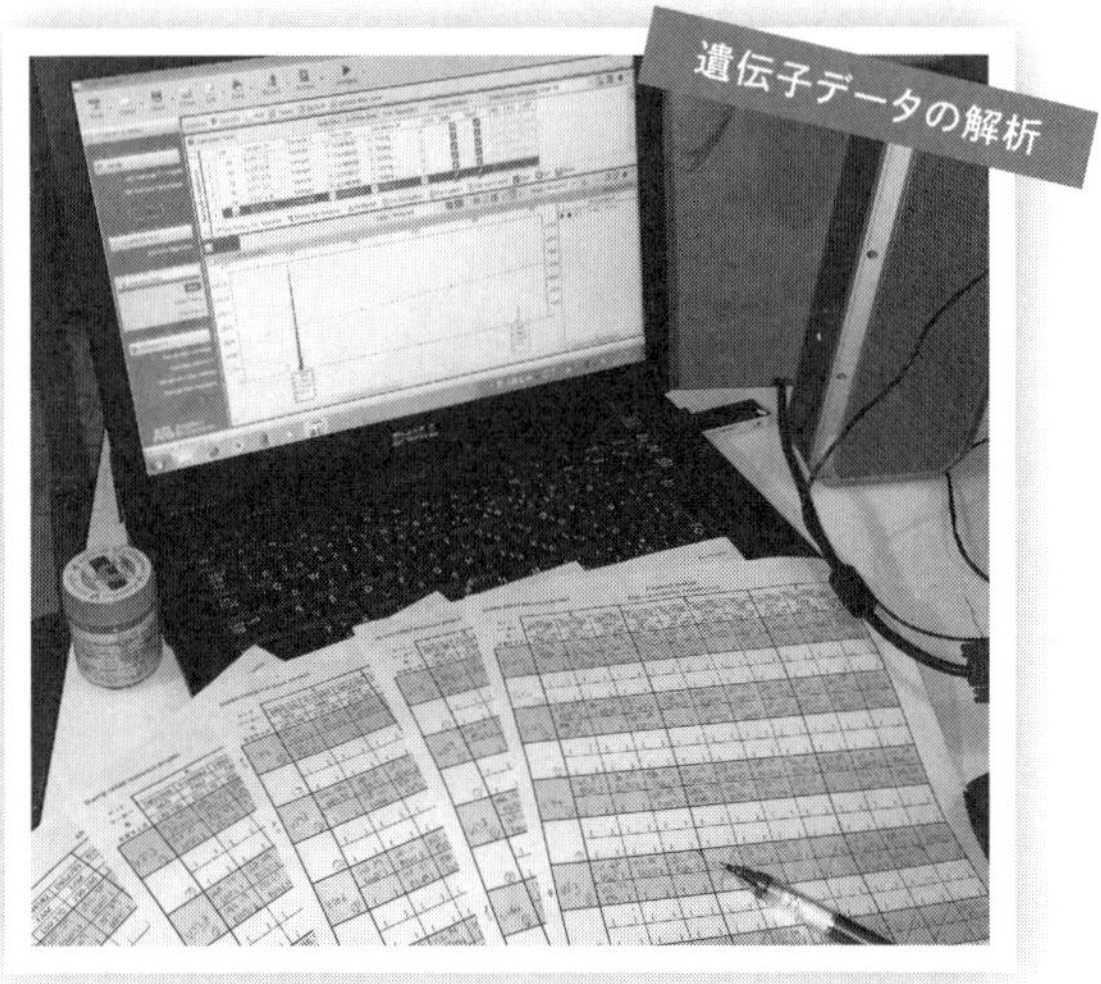

専用のPeak Scannerというソフトで解析結果を確認し、自作の記録シートに結果を書き取っていく。その後はExcelに入力する作業が待っている。

ルを採り直さなければならない。サンプリングでミスをしていないかどうかをモニタリングするうえでも、手遅れになる前に、調査途中に定期的に実験をおこなうことが大事だ。

観察を続けながらのDNA実験は大変な作業ではあるが、結果が揃い始めてくると、どんどん調査地の個体のDNAプロファイルが蓄積されている実感がわいてくるので、苦労が報われる幸せをかみしめることができて心地がいい。また、目標達成まであと何頭の個体からDNAサンプルを採らねばならないのかが可視化されていくので、目標を絞って効率的なサンプリングができるようになる。

3 白黒つかない繁殖競争

交尾に成功したオスが子どもを残せるわけではない

長らくわき道にそれてしまったが、ここからは父子判定の結果を紹介する。行動データ上の交尾成功率を見る限り、連合形成群の連合オスたちも、単独競争群の中心オスも、それぞれの群れで観察された交尾の八割以上を占有していたわけなので、さぞかし多くの子どもを残しているだろうと予想される。しかしながら、父子判定の結果は、「交尾成功は繁殖成功に直接反映されない」という、予想とはまったく異なるものだった。

連合形成群のうち、Ting群では、連合オスたちが高い繁殖成功を示しており、連合仲間内での繁殖成功成績には極端な偏りはなかった。父親が判定できた一六組の母子ペアのうち、連合オスのいずれかの個体の子どもと判定されたのは一一組で、非連合オスの子どもと判定されたのは二組しかなかった。交尾占有率に比べると期待値よりやや少ないものの、やはり連合による交尾の占有はそれなりに繁殖成功を収めているようだ。連合オス内の繁殖成功成績を見ると、すべてのオスが子どもを残せているわけではないもののおおよそ均等で、誰か一頭が極端に高い繁殖成功を収めているということはない。やはり、父性の獲得は精子競争によって決まっており、他者を出し抜いて受精率を高める裏技のようなものはないようだ。

一方で、同じ連合形成群でも、Fourth群では結果が大きく異なる。父親が判定できた五組の母子のうち、連合オス三頭のうちの誰かが父親であると判定された子どもは一頭もいなかった。交尾の占有率から期待される子どもの数は四頭なので、連合による交尾の占有はまったくもって繁殖成功に寄与していないことになる。なぜこれだけの交尾の占有を達成していながら子どもがまったく残せていないのか、確かなことはわからないが、連合オスたちの年齢が高いこと、集団に属するオスの数がやや少ないことが関係している可能性がある。Fourth群で中心オスの地位にいるオスと、その補佐役の連合オスは、比較的歳をとったいわば「中年」のオスであることから、おそらく長きにわたってその地位を維持していると思われる。在籍期間の長いオスは、過去にたくさんの子どもを残していることが予想されるため、集団内にいるメスの中にはこれらのオスたちの子ども（娘）がいても不思議ではない。また、メスは長期間一緒にいるオスよりも、目新しいオスを好む傾向があることも知られており、仮に血縁関係になかったとしても、在籍年数の長さはメスから敬遠される要因になりえる。実際には、メスを対象とした詳細な研究が待たれるが、同じ連合形成群であっても繁殖成功の結果を大きく二分する「なにか」が存在する点は、今後明らかにしたい課題である。

単独競争群のうち、Third群の中心オスの繁殖成功度は、交尾占有率に比べると低かった。父親が特定できた一〇組の母子のうち、この中心オスが父親であると判定されたのは四組であった。しかし、この数字は、交尾メスのカバー率とほぼ一致する。つまり、Third群の中心オスは、自分が囲い込める範囲内で手堅く子どもを残すことに成功していると言える。行動観察上も、遺伝分析の結果からも、「足るを知る」繁殖戦略を着実にこなしているのは、このThird群の中心オスのみかもしれない。

一方で、Wngklm群について見てみると、交尾の大多数を占有していたはずの中心オスは一頭も子どもを残せていない。それどころか、父親が判定できた五組の母子のうち、四組については、分裂したはずのThird群のオスが父親として判定された。これは非常に興味深い結果で、Wngklm群はThird群から分裂したのちも、両群の間に密な交流が保たれている証拠である。おそらく、分裂した群れを率いる新米の中心オスでは、まだまだ修行が足りないというメスたちの厳しい評価が下されているのではないだろうか。Wngklm群の中心オスも、群れを率いる経験を積んでいけば、いつかメスに認めてもらえる日が来るだろう。その頃にもう一度、Wngklm群内の父子判定を実施してみたいものだ。

弱いオスたちの戦略

これまで見てきたように、オスはどれだけ頑張って交尾回数を稼いでも、それが繁殖成功に直結するわけではないというのが、どの群れにも見られる共通の傾向だ。そして意外なことに、その交尾成功と繁殖成功のギャップを埋めているのが、群外オスだ。それも、各々の群れでは交尾すら観察されないような「弱い」オスたちである。行動観察上、群れ同士が出会った際に、群間での交尾が起きることは非常にまれで、しかも多くが射精に至る前に交尾を止めてしまう。にもかかわらず、群れによっては四割もの父性の割合を群外オスが占めるということは、こうした群外父性に結びつく交尾は〝群れの出会い以外〟の文脈で起きている可能性があることを示唆している。考えられるシナリオは、「弱いオス」が交尾機会を求めて他群の周辺をウロウロしているか、あるいは排卵前後のメスが交尾相手を求めて群れを離れて周辺部をウロウロしているか、どちらかだろう。実際に、集団を移籍するわけではないが短期的に他群に追従しているオスを見かけることはよくあるので、こうしたタイミングでこっそりと交尾をしている可能性は十分にある。また、観察中に一度だけ、メスが森の中を単独で歩いていて、他群の「弱いオス」と交尾をした事例を見たこともある。群れの出会いは予測不可能なため、それが排卵前後で都合よく起きることを期待できない以上、「強いオス」たちの監視の目をかいくぐり、自ら積極的にこっそり交尾する機会を求めて周辺部に出ていくしか、チャンスはないのかもしれない。

期待されるよりも高い割合で群外父性が検出されている理由については、メスを対象とした個体追跡による交尾行動の詳細な記録と、ホルモン分析によるメスの排卵周期のモニタリングとを組み合わせた研究が必要であるため、現時点で結論を出すことはできない。だが、この調査地に生息する五つの群れの遊動域が大幅に重複していることは、大きなヒントになるかもしれない。遊動域が被っているということは、彼らが夜に寝るために戻っていく泊まり場も近接している可能性が高い。彼らは岩山の高いところや洞窟の中を泊まり場にしていて、人間が追跡することは困難なので正確な位置は把握できていないが、真夜中にまれにサルの音声が聞こえることがあり、その方角を記録していると、尾根を挟んでいるだけで結構近くにいるらしいことまではわかっている。ニホンザルでは交尾頻度が最も高いのは未明から明け方にかけてであることを併せて考えると、人間が観察できない時間帯に、人間が追跡できない場所で、泊まり場が近接している群れ間でこっそり交尾がおこなわれている可能性は十分にある。こうした行動をいかに記録するかは、今後の大きな課題の一つである。

なぜ連続多数回交尾をしなければならないのか

ここで改めて、ベニガオザルの連続多数回交尾の意味について考えてみたい。「ベニガオザルの交尾行動」の項で、「交尾を繰り返して精子が枯れないのか?」という疑問に触れ、ある程度の回数を超える連続交尾については「空打ち交尾」が多いのではないだろうかと推論した。この点に加えて、交尾成功が繁殖成功に直結しない現実が遺伝解析によって明らかになると、いよいよ「連続多数回交尾の実効性」そのものに疑問がわいてくる。

実際に、連続多数回交尾が観察された事例を抽出し、その時交尾していたメスが、想定される妊娠期間を経る時期に出産しているかどうかを調べたところ、ちゃんと出産が確認されたのは全体の半数にも満たなかった。つまり、オスは貴重な資源であるところの精子を最大限に投資し、体力を消費し、コストを払って頑張って何度も交尾しているのに、半数が妊娠・出産に結びついていない

交尾するオス

いったい何を判断基準に、このメスと交尾することにしたのだろうか?

ことになる（厳密には、交尾時にメスは排卵時期だったがたまたま受精しなかった、受精はしたがたまたま着床しなかった、あるいは、着床には至ったがたまたま何らかの原因によって流産になった、などの可能性も考えられるが……）。オスはメスの膣分泌物から排卵周期を検出できるという研究があることを紹介したが、少なくとも私のこのデータを見る限り、「やっぱりオスにはメスの排卵周期を検出する能力はないのではないか」と疑ってしまう。それでは一体、「何が」交尾開始のきっかけとなり、「なぜ」交尾を繰り返すのだろうか。

私は、オスが膣探査行動によって探しているものは、「排卵周期を特定するためのシグナル」ではなく、「誰かと交尾したかもしれない形跡」なのではないか、と考えている。

ベニガオザルのメスは、一見すると排卵や発情の兆候を一切隠蔽している。つまり、オスには、い

つのタイミングが妊娠可能性の最も高い時期であるのかがまったくわからないようになっていると
いうことだ。しかしながら、排卵が起きればメスの性的活性は上がり、誰かと交尾しようとするは
ずである。その相手は、群れの中心オスかもしれないし、周辺部にいる弱いオスかもしれないし、
あるいは群れ外のオスかもしれない。選ぶ相手がどんなオスであれ、どこかで必ず誰かと交尾をす
る可能性が高い。であるならば、メスの排卵周期が検出できないオスにとって、間接的に妊娠可能
性の高い時期を知る唯一の方法は、そのメスが「誰かと交尾した形跡」を探すことではないだろう
か。

こうして、オスたちは常に膣探査行動によって交尾の形跡を探しているのだとすると、連続多数回交尾をしなければならない理由も理解できなくはない。交尾の形跡を発見したということは、そのメスは今妊娠可能性が高い時期にあるかもしれないことを間接的に示しているということだ。なおかつ、すでにほかの誰かと交尾を済ませている。自分が子孫を残そうと思ったら、そのタイミングで、後追いであっても交尾をしなくてはならない。かつ、できる限り多くの精子をメスに送り込めば、もしかしたら時間差を乗り越えて精子競争に勝つことができるかもしれない。仮に、交尾の形跡だと思ったものが〝勘違い〟であったとしても、怪しいと思ったらわずかな可能性に賭けて交尾をし、できる限り多くの精子を送り込むしかない。常にランダムにいろいろなメスと交尾するよりははるかに確実で実現可能性の高い方法だ。逆に言えば、オスにはそれ以外に為す術がない。藁にもすがる思いで必死に交尾を繰り返しているのだと思うと、同じオスとしては、その涙ぐましい

努力に感服すると同時に、なんだか情けない気持ちにもなってくる。

これを私は勝手に「バスに乗り遅れるな理論」と名付けている。「バスに乗り遅れるな」とは、政治評論で使われる慣用句のようなものだ。例えば、将来ビジョンのよくわからない国際的な枠組みが発足したとする。その向かう先が読めないことから、これを行先不明のバスになぞらえる。そのバスには、すでに賛同した国々が乗っている。自分もそのバスに乗るべきか否かという政治決断を迫られるのだが、いつまでも悩んでいてはそのバスは発車してしまう。発車した後でだんだんバスの乗客が利益を得始めても、後からそこに乗せてもらえるとは限らない。運良く乗せてもらえるかもしれないが、最初から乗っていた乗客らと同等の利益を分けてもらえる保証はない。こういう場面で、早々に加入を表明すべきという意見を持つ人が、よく「バスに乗り遅れるな」という表現を使う。

私の「バスに乗り遅れるな理論」では、行先不明のバスはすなわち、妊娠可能な状態にあるかどうかが不明なメスのことだ。そして乗客は、すでにそのメスと交尾したオスたちである。自分が子どもを残したければ、そのバスに乗るしかない。結果、それが無駄だったとしても、次にいつ来るかわからないバスを待つよりはマシだ、というアイデアである。

そしてもう一つ、連続多数回交尾を促進する要因であると考えているものがある。それが、オスの交尾音声がもつ誇示機能だ。単に送り込む精子の量を最大化することが目的であれば、交尾はどのオスでも一定回数で頭打ちになるはずである。個体差は多少あれど、標準体サイズのオトナオス一頭が貯蔵できる精子量には限りがあるはずだからだ。貯蔵精子量の限界を突破してもなお交尾を繰り返すのには、そこになにか別の要因があると考えるのが自然である。ここで思い出していただきたいのが、交尾音声だ。「オスはなぜ射精時に声を出すのか」（186ページ参照）の項で、オスの交尾音声には誇示行動としての機能があることを説明した。これこそが、連続多数回交尾を促進する第二の要因だと私は考えている。

連続多数回交尾をできるのは、群れの中でも「明らかに強い」オスだけだ。そして、そういうオスに限って、射精時には大きな声で音声を発する。つまり、こうしたオスたちにとっては、連続多数回交尾は「精子を送り込む」行動であると同時に、「交尾音声を繰り返し発する」機会でもあるのだ。オス間競合に勝ち抜き、メスと交尾をし、妨害を受けずに射精に至り、その瞬間に周囲に聞こえるように音声を出す。この音声によって、自分の存在を誇示し、他のオスを威圧し接近を憚らせることができる。その回数は多ければ多いほうがいいだろう。よって、連続多数回交尾は、ある時点までは「メスに送り込む精子量を最大化する」ことを目的に交尾が繰り返されるが、それ以後は「連続交尾を達成できる自分の社会的地位の高さを宣伝する」ことに目的が移り変わっていくのではないだろうか。このために、連続多数回交尾の上限回数は、貯蔵精子量ではなく、そのオスの体力によって決まっているのではないだろうか、と私は考えている。謎多きベニガオザルの連続多数回交尾は、発情シグナルを隠蔽するメスの戦略を前に為す術のないオスたちが、雲をつかむような気持ちで自分の繁殖成功を最大化させようと闘争を繰り返してきた結果の産物なのかもしれない。

あくびをするオス

あくびをする瞬間を写真に撮ると、その個体の歯列の状態をくっきりと記録することができる。写真から犬歯の長さを計測することは難しいが、欠損があるかどうかが記録できる。また、白骨化死体が見つかった際の個体識別にも活用できる、重要な情報になる。

Column 4

オスの犬歯とオス間競合

サルのみならず動物の中には、オスとメスで体格や色などの外見上の特徴が大きく異なる種がいる。これを性的二型という。オスとメスとの間での犬歯の大きさの違いも、性的二型の特徴の一つで、一般的にはメスよりもオスの犬歯のほうが大きくなる傾向にある。それは、オスのほうがよく戦うから、つまり犬歯は戦う時に必要な「武器」だからである。したがって、その種のオスの犬歯がどれだけ大きくなるかは、どんなものを食べているかといった環境要因のほかに、オス同士の闘争がどれだけ激しいかによっても変わってくる。犬歯サイズは、オス間競合の強さの指標とも言える。

平等的社会をもつベニガオザルにおいて、闘争のための武器としての犬歯の使用頻度や、使用の結果被る損害としての犬歯欠損の事例、オス間の繁殖競合が犬歯サイズと相関するかどうかは興味深いテーマだ。この研究への布石として、野外調査時にはサルがあくびする瞬間の写真を撮り、犬歯を含めた歯列の状況を記録している。また、日本モンキーセンターが収蔵する骨格標本・液浸標本を用いて、現生マカク属全種を対象にした犬歯サイズと精巣サイズの実測値を計測し、雌雄差や種差、社会性の違いとの相関について現在解析を進めている。

今のところ、これはすべて私の想像の域を出ない話ではあるが、今後、より詳細な行動記録の蓄積と同時に、遺伝解析、内分泌動態モニタリング、実験条件下での生理機能検証を通じて、個々に検証していきたいと思っている。

4 赤の他人どうしが協力する不思議

協力するオスたちの関係

連合形成をめぐる大きな二つの疑問のうち、父性の分配問題は父子判定によって一定の結論を得た。本章の最後は、残された疑問、「なぜオス同士が協力できるのか」について考察してみたい。

先の項目で、母系社会をもつマカク属において、群れ内のオトナオス同士に血縁関係が想定できないこと、非血縁個体間での協力行動は血縁選択では説明できないことを述べた。つまり、理論上は、ベニガオザルでオス同士の協力行動が見られるということは、生物一般的に見ても珍しい現象が起きているということになる。この解釈が科学的に正しいかどうか、すなわち、オス同士の連合形成が本当に非血縁個体間の協力行動であるかどうかを確認するためには、実際に協力行動をおこなっているオスたちの関係性を細かく分析することが必要となる。最も確実な方法は、長期観察によってすべてのオスが生まれた時から継続して追跡観察し、成長とともに移籍した群れの履歴に至るすべての記録を蓄積することである。生まれた群れのみならず、その個体の母親まで把握できていれば、兄弟関係にあるのか、あるいは親戚関係にあるのか、まったく血縁関係のない他人なのかが確実に議論できる。しかしながら、寿命の長い霊長類において、こうしたデータの蓄積には数十年の年月を要する。私の調査地のように歴史の浅い場所では、そうした長期データの積み上げがない。今現在、調査地のそれぞれの群れにいるオスたちが、どういう来歴を辿ってそこにいるのか、誰も知らないのである。

そこで私は、父子判定のために解析したマイクロサテライトDNA一〇座位の遺伝子型データを転用し、遺伝的解析によって血縁関係を明らかにすることを試みた。真に血縁関係を高精度で判定するためにはもっと多くの座位の解析データが必要であるし、マイクロサテライト以外にもミトコンドリアDNAや性染色体など他領域の解析も有効な手段となる。私のデータは圧倒的に不足していたが、解析に使えそうな一〇座位を探し当てるだけでも大変だったこと、さらなる追加領域の解析に取り組めるだけの研究資金がなかったことを考えると、当時の私には、多少精度は粗くても手持ちデータで〝暫定的な〟結論を得るしか手はなかった。

遺伝的血縁距離を計算できるソフトを使ってあれこれと分析を進めるうちに、興味深い結果が出てきた。まず、Ting群とWngklm群では集団内のオス間の平均血縁度が正の値を示した。理論上、

地域住民から餌付けされたマメを食べている際の社会交渉。緊張の原因は不明だが、00:02から左のオスが音声を出しながら真ん中のオスにマウンティングを要求しつつ相手の睾丸を握る。この状態が00:28まで続くが、周囲も興奮してケンカが多発するように。00:29からはマウント役が入れ替わり、00:50までマウント状態が持続する。一連の社会交渉の中で、2頭が大きな声を発することにも注目してほしい(再生時は音量注意)。

〈動画URL〉https://youtu.be/aMARVoWpx24

集団内のオス間に血縁関係が維持されない母系社会をもつ集団では、集団内の平均血縁度は負の値を示すはずである。つまり、この二つの集団内には、父・息子あるいは兄弟とまでは断言できないまでも、何らかの遺伝的つながりの強い個体の組み合わせが比較的多く含まれているということになる。Wngklm群は新しく分裂した群れであるため、血縁度の高いオスたちの集まりであることは現段階では納得できるが、Ting群においては不自然なことが起きていると言える。もう一つの面白い結果は、群内オスの平均血縁度の比較において、Ting群とFourth群の間で有意差が検出された点だ。この二つの群れは、どちらも連合形成が見られる群れだ。つまり、連合形成群だからといって、必ずしもオス間の平均血縁度が高いとは限らない、ということがわかったのである。

連合形成が見られる群れについて、実際に連合に参加しているオス間の平均血縁度と、そうでないオスたちとの平均血縁度を比較した。この分析については、残念ながらデータ数が少なすぎるために、Ting群を除く二つの群れで統計的な検定が実施できなかったが、Ting群では、連合を形成するオスたちと、そうでないオスたちの平均血縁度に有意差が認められた。どうやら連合を形成しているオスたちの間には、何らかの血縁関係がある個体の組み合わせが混じっているようだった。

しかしながら、これが必ずしも「血縁関係にある個体を選んでいた」という結論には結びつかない。なぜならば、連合形成が見られる三つの群れすべてにおいて、連合参加オスたちの血縁度が最も高い値を示す組み合わせを含んでいたわけではないからだ。連合形成にまったく参加していないオスたちの中に、すべてのオスの組み合わせにおいて最も高い血縁度を示す組み合わせが存在している。最も血縁度の高い組み合わせ上位三組を選んできても、彼らは連合参加オスではない。血縁度が高い組み合わせだからといって、必ずしもその組み合わせで協力行動が見られるわけではないということだ。

この点については、考えてみれば至って当たり前というか、むしろ自然な結果に見える。なぜなら、個体間の遺伝的な距離関係を数値データとして認識できるのは、遺伝解析を実施した研究者の視点に立つ者だけだからだ。研究者だけが子どもの父親が誰かを知っているように、その群れにいるオスたちのすべての組み合わせについて、遺伝的距離がどれくらいかという関係性は研究者のみが知っている情報であり、サルたち本人には認識する手段がない。仮に同じ母親から生まれた兄弟であったとしても、歳が五つも離れていれば弟が生まれる前に兄は出自群を出ているだろうから、もはやお互いを兄弟として認識する機会はないだろう。「ベニガオザルのオスたちは、自分と最も遺伝的距離の近い仲間を探して包括適応度を上げようとしているのだ」などという都合のいいストーリーを期待するのは、研究者のエゴなのかもしれない。

オスの生活史を見通す

オスたちが、自分と他者との遺伝的距離を基準に協力相手の選択をしているわけではないことは明らかだ。しかしながら、「母系社会において群内のオスたちの平均血縁度が高くなる構造的理由」についてはどうしても引っかかる。

仮に、この調査地に住む地域集団が地理的に隔離されていて外部からの遺伝子流入がないために、オスたちはこの五つの群れのどこかで生まれたのちは、他の四つの群れのどこかに属さざるをえないことが原因で、集団間移籍後も血縁関係にあるオスが集団内に存在してしまうことがありえるとする。そしてその説明は十分に合理的であるのだが、もしオスたちがまったくランダムに移籍先集団を決めているのだとしたら、Ting群とFourth群のような顕著な差が生じるはずはない。なぜ一部の群れだけで、オス間の平均血縁度が高まるようなことが起きるのだろうか。

そこで私は、過去の調査記録データから、オスの集団間移籍データをすべて確認することにした。オスの移籍がいつ確認されたかという情報を整理していて、すぐにピンときたことがある。それは、「何回も集団間移籍を繰り返すオスがいる」ということと、「同時期に、複数頭のオスが、同じ群れから、別の同じ群れに、一緒に移籍している」という事例がいくつもあるということだ。ここではこれを「同時移籍」と呼ぶことにしたい。私は観察期間中に全部で五四例のオスの集団間移籍を記録していたが、顕著な例では、同じ日に三頭のオスがそろって別の同じ群れに移籍しているのが確認されているし、時期を二週間以内に広げてみると、全部で四例の同時移籍が記録されていた。このうち三例がThird群とWngklm群の間を行ったり来たりするオスたちの同時移籍であり、残りの一例はThird群からTing群へ三頭が同時移籍していた事例だった。また、時期を限定せずとも、「ある群れからオスが出ていくときには、決まって移籍先の群れはこの群れだ」という法則性らしきものも認められた。例えば、Ting群から移出していった六頭のうち五頭は、移籍先がNadam群だ。あるいは、Fourth群から移出していった七頭のうち五頭は、移籍先がTing群だ。偶然の一致だろうか、同じ群れ出身者が集まる傾向にあるNadam群もTing群も、どちらも連合形成が見られる群れだ。

Third群と分裂群のWngklm群の間では、分裂後も同時移籍のみならずオスの移出入が頻繁に繰り返されていたが、この両群間のオスの出入りは、群れ分裂という大きな社会変化に伴う特殊な事例であると考えられる。この特殊事例を除くと、最も移入オスが多い、移籍先として人気な群れがTing群であり、かつ最も移出オスが少ない群れもTing群だった。入ってくるばかりで出ていかないとなると、特定の群れ出身のオスたちがTing群内に増えていくということになる。Ting群内のオスの平均血縁度が高い理由は、こうした移入してくるオス間の血縁度の高さに影響を受けているのかもしれない。

「顔見知り関係」は協力を促進するか

こうしてオスの移籍履歴を見ていると、どうやらオスたちは移籍先をランダムに決めているわけではなく、「顔見知り」がいる群れを選んでいるように見える。そしてこの「顔見知り」関係にあるオスたちが集団内に存在するという社会条件が、連合形成のような協力行動の発現に大きく寄与しているのではないか、と私は考えている。

性成熟に達すると出自群を出て他群を渡り歩くオスたちにとって、「顔見知り」関係には二つの場合分けがある。一つ目は、「出身群が同じ同世代」という関係性で、二つ目は「移籍先で出会った相手」という関係性だ。前者の場合、当のオスたちには直接的な血縁関係がなくても、それぞれの母親同士に何らかの血縁関係がある場合というのは十分にありえる。ということは、「出身群が同じ同世代」という顔見知り関係が連合相手の選択基準になっているとすると、連合形成メカニズムは血縁選択によって説明可能な部分が出てくる。一方で後者の場合、世代差があれば出身群が同じ場合もありえるが、基本的にはお互いどこから来たかもわからない者同士なので、そこに血縁関係を期待するとは考えにくい。よって、オスたちから見たら、ただ単に一時期同じ群れに所属していた顔見知りである。しかし、同じ群れに所属していれば何らかの個体間関係は形成されるだろうし、お互いの素性はよくわかっているだろう。協力行動が必要な場面に直面した際には、相手に親和性の高い個体を選べば、見ず知らずの他個体と協力するよりも〃裏切り〃にあうリスクを軽減できるかもしれない。私は、こうした「顔見知り関係」が、連合形成の有無、もっと言えば、連合を形成する際に誰を仲間に選ぶのか、という選択基準に影響を与えているのではないか、と考えている。

協力相手の選択基準は、今後の研究の大きな課題の一つだ。研究を続けられる限り、調査地のサルたちの生活史を通じた長期データの蓄積に努めつつ、最新の遺伝解析などを取り入れながら、オス同士の「顔見知り関係」が協力行動の源となりえるかについて引き続き調べていきたいと考えている。

5章

ベニガオザル研究に未来はあるか

1 研究におけるマイナー種ゆえの壁

悔しさをバネに

霊長類研究の花形は、何といってもアフリカ大型類人猿である。「ヒトに最も近縁」な霊長類なので、そこから得られた知見は「ヒトの進化を解明する直接的なヒント」として一流雑誌に掲載されやすい。これを「類人猿バリュー」と呼んだりする。私は表情を解析した研究で論文を出すときに、この「類人猿バリュー」の壁の厚さを痛感したことがある。

ベニガオザルでは、交尾の際にティース・チャタリングという歯をカチカチ鳴らす表情が見られることは4章で述べた。この表情における顎の動作が、カニクイザルのリップ・スマッキングという唇を小刻みに開閉させる表情やヒトの発話と同様に、五ヘルツに収束することをビデオ解析によって明らかにし、ヒトの発話の起源に迫る研究としてまとめたことがある（字数の関係で詳細な説明は原著に譲りたい）[1]。この研究がまとまった当初、これはヒトの言語進化を考えるうえで重要な研究なので、霊長類学の専門誌でなく、一般生物学の一流雑誌を目指すべきだという共著者からのアドバイスを受け、有名どころ数誌に投稿してみた。ところが結果は、どこもリジェクト続きだった。理由は「新規性がないから」「霊長類学の専門誌のほうが適切だから」ということだった。

確かに、このベニガオザルの表情研究は、カニクイザルですでに確認されていたことを他種でも追加確認したという点では「二番煎じ」だった。しかしながら、この研究の価値は、「同じ系統のサルの異なる表情においても同様のリズムが見られること」を明らかにし、それまでヒトとカニクイザルしかなかったところに新しいベニガオザルを加え、ヒトとマカク属内での周期運動を司る脳内の神経基盤の転用を系統的・進化的に示した点であった。そして、こうした進化論的検証を、実験研究ではなく野外観察によって見出したことも大きな価値であった。単に「新規性がない」という理由でリジェクトと判断されるのは納得がいかなかった。だが、何度もリジェクトを食らい続けるうちに、そんなに大した発見ではなかったのかもしれない、自分のデータが不足していたのかもしれない、と思うようになり、諦めてしまった。結果的にこの論文は自然人類学系の専門誌に受理され、掲載されることとなった。

ところが、である。二年ほど経ったある日、共著者から驚きの連絡があった。ベニガオザルの原稿を「新規性がない」としてリジェクトした雑誌が、霊長類のリップ・スマッキングで同じような解析をしている論文を掲載しているというのである。調べてみたら、チンパンジーの毛づくろい時のリップ・スマッキングを解析したという論文だった。その論文では、私のベニガオザルの論文も引用されていた。

これを見た瞬間、「あー、やっぱり類人猿か」と思った。そして、心底がっかりしたことを今でも覚えている。結局、どんな行動を見ても、類人猿なら一流紙に大々的に掲載されるのに、マカク属サルでは専門誌の端っこでひっそりと事例報告的な扱いしかされないのだと思うと、虚しくてたまらなかった。私はもともと雑誌やインパクトファクターに対するこだわりがまったくないし、ベニガオザル研究を始めた当初から自分は「日陰領域」の研究をやっていることも自覚していたのだが、いざ目の前にその現実をまざまざと突き付けられた時は、正直なところ、言葉にできない悔しさがこみあげてきたのも認めざるをえない事実だった。

マカク属研究の意義を再認識する

私がベニガオザルを研究しているのは、単純にこのサルが好きだからであって、それ以上でも以下でもない。だが、霊長類学の花形たる類人猿に比して〝変わり種〟でしかないベニガオザルを対象として研究を続けてきた中で、マカク研究者としての意地というか、類人猿バリューに負けないマカク研究の意義を自分なりに考えることがある。

マカク属は、アジア全域という広域な生息域を持ち、多数の種に分化してきた、霊長類の中で最も適応放散に成功した系統の一つだ。アジアを旅すればだいたいカニクイザルかアカゲザルに出会うことだろう。そのカニクイザルも、生息している地域によって一〇種前後の亜種に分化している。一部の地域では道具を使用するようになるなど、高度な環境適応に成功している。あるいはインドネシアに生息するスラウェシマカクと呼ばれるマカクたちは、島ごとに独特の進化を遂げている。マカク属は現生で二〇種を超え、それぞれが、各地の環境に適応し、独自の進化を遂げてきたのだ。あちこちにいる見慣れたサルである、ということと、研究する価値がない、ということは、決して同義ではない。むしろあちこちにいるからこそ、地域間比較ができるのである。同じ種の動物が、異なる地域の異なる環境に、いかにして適応しているのかを明らかにすることは、生態学の基礎でもある。マカク属がおさめた生物学的成功の鍵は何か？ 多様化の背景は何だったのか？ なぜマカク属でそれが可能だったのか？ それを考えるだけでも十分に、進化生物学的に興味深い研究対象であるはずである。

加えて、マカク属は実験動物としても広く利用されている。脳科学実験などで用いられるサルはほとんど、アカゲザル、カニクイザル、ニホンザルなどのマカク属サルが中心だ。霊長類学が真に「ヒトの進化」の解明に挑むのであれば、認知や脳内の神経基盤にまで踏み込める実験研究と、野外での行動観察とを組み合わせた比較・検証研究ができることこそ、マカク属研究の強みではないだろうか。

マカク研究が類人猿研究に取って代わることはないだろうと思う。しかし、ヒトの進化を解明するという大目的に照らし合わせて考えた時に、類人猿研究が参照すべき系統群の筆頭候補として、マカク属が挙がるはずだ。そここそがマカク属研究が生き残る唯一の道であると思うし、霊長類を俯瞰するという視点から評価されるべき系統群であると私は信じている。

2 冒険的研究の限界

私は日本の霊長類学黎明期に世界各地を飛び回った先駆者達によって書かれた本を読み、その冒険的調査研究に憧れて野外霊長類学を志した。アフリカの大地を自転車で転々としながら類人猿を求め、見つけた先では期限を区切ることなく人付けに励む。こうして先人たちが膨大な時間と労力をかけて調査地を開拓してきた上に、現在の霊長類学の発展がある。諸先輩方が時に「武勇伝」として語る、自由奔放でありながら純粋に自然を探究する調査生活や、現地で遭遇した危険な出来事などの話を聞くにつけ、海外でのフィールド研究の醍醐味に心躍るものがある。

しかし近年、少なくとも私が大学院生であった頃から、すでにこうした調査は実行不可能になりつつある。海外調査はすべて事前承認制で、どういう用務のために、どの宿泊場所に何泊するのか、旅程を厳密に計画して申請をせねばならない。こうした野外調査に対する規制強化の流れには、主に二つの背景がある。安全確保と、研究資金運用のあり方の変化だ。

安全確保の重要性は、言うまでもない。どれだけ経験を積んだ研究者であろうと、調査先で「絶対の安全」を確保することは不可能だ。事故は誰にでも起こりうるものであるし、それを経験によって一〇〇％排除することはできない。万が一の事件や事故に巻き込まれていたとしても、ひとりで調査に行っている場合は発見が遅れることもある。よって「いつ、どの時間帯に、どこにいるはずなのか」が明確な計画である必要がある。調査の都合によってこれを柔軟に変更し始めたら、安全確保も、万が一の際の救助活動も、ままならなくなる。国内調査であっても、学生が単独でフィールド調査を実施することを禁じている大学も少なくないと聞く。

もう一つは、研究資金運用のあり方だ。我々が海外調査に行く時は、大抵の場合、科学研究費を使って渡航する。国民の税金たる科学研究費を使って渡航する以上、私的な目的のために旅費を使うことは許されない。よって、どこにいくにも必ず「そこに行くべき研究遂行上の必要性」と「そこでおこなうべき用務」が必要だ。気分転換にちょっと近くの国立公園にいってみよう、とか、週末は観光地で息抜きしよう、などという行動は許されない。私の場合、ベニガオザルの研究のためにタイ王国に出張しているので、ベニガオザルがいない場所に出向く合理的な理由はないし、わざわざ他の生息地のベニガオザルを観察に行くことが研究遂行上不可欠でなければ許可は下りない。予定の変更は事前に申請せねばならず、その場の判断で迂闊に目的外の行動をおこなうことは厳に慎まなければならない。

可能であれば、あちこち情報を聞きながらタイ全土を旅して巡り、いろいろなサルの生息地を見てみたい。そうして自分の興味に沿う研究ができる調査地を一つでも二つでも立ち上げてみたい。それは日本の霊長類学の源流に憧れを抱くものであれば誰もが胸に秘める理想である。しかし現状、「帰国日：未定（調査次第）」などという計画は承認されないし、「宿泊場所：現地で手配」なんて旅程表は許されない。日本を出て以降の一挙手一投足を詳細に計画し、宿泊先の予約を確定し、承認を得てから出発せねばならないのだ。かつてのような冒険的調査研究の旅は、どこの大学や研究所であっても、規則上もはや不可能となっている。近い将来、特にこれから大学院生になろうとする人たちにとっては、海外を拠点にひとりで長期調査をおこなう余地すらなくなってしまうのではないだろうか。日本の霊長類学の国際的競争力を維持するうえで、世界各国に調査地を保持することは重要であると思うのだが、「そうは言ってもね……」という雰囲気が少しずつ広がってきているのを肌で感じる今日この頃である。

3 はじめから〝いい研究〟をしようとしない

最後に、私がこれまで研究をしてきた中で、常に心に留めてきた言葉を紹介したい。

「はじめから〝いい研究〟をしようと狙わないこと。自分がやった仕事を〝いい研究〟に仕上げる努力をすることのほうが大事。」

これは、私が丸橋先生から授かった言葉である。

〝いい研究〟をすることは、研究者が学界で生き残るうえで重要なことである。あるいは、国民の税金たる科学研究費を使って研究する以上、〝いい研究〟をし、国の科学技術の向上と国際競争力の強化に貢献することは研究者の義務であるかもしれない。しかし、〝いい研究〟とはいったい何だろうか。

最もわかりやすい指標は、「インパクトファクターの高い有名一流雑誌に論文がアクセプトされるかどうか」だ。例えばサイエンスやネイチャーのような雑誌に一本でも論文が掲載されれば、たちまち〝超一流の研究者〟である。研究者として生き残ることを最重要目標に据えた時、最適な戦略は「一流雑誌に掲載される論文をたくさん書く」ことに尽きる。

この戦略のもと、最も効率的に〝いい研究〟をデザインしようとすると、取るべき戦術は「注目されている研究領域を選ぶ」「一流雑誌で流行りのトピックを選ぶ」「短期間で完結するテーマを選ぶ」「論文化しやすい研究をする」である。ここに、「日本の科研費制度でできないことはしない」「所属する大学の規程に抵触することはしない」などの制約条件を加えていけば、自動的に「やるべき実現可能な〝いい研究〟」が見えてくる。これらを着実に実行できれば、間違いなく日本の学界で生き残ることができるだろうし、出世も早いだろう。

しかし、はじめから「〝いい研究〟をしよう」と目論んで研究をデザインすることに、自然科学者としての面白みがあるだろうか。自然とは、かくも予測可能なものだろうか。研究者はみな「一流研究者」の評価を得るために研究をやっているのだろうか。そんな〝いい研究〟をしようと考えた時、ベニガオザルは、あるいはアジアのマカク属は、〝いい研究対象〟になりえるだろうか。〝いい研究〟でない研究には、価値がないのだろうか。

研究者はみな、自分の心の中に、知的好奇心に突き動かされてどうしようもない〝気になること〟があるはずだ。その〝気になること〟が、例えば人間社会が抱える課題の解決に役に立つかどうかとか、我々の生活を豊かにする技術開発に結びつくかどうかとか、そんな枠にはめられないほどの、圧倒的な熱量をもって迫ってくる。その熱量に突き動かされて、いてもたってもいられなくなるからこそ、我々は世界のどこへでも出かけて行って、過酷な環境に耐え忍びながら、自分が追い求めていた「なにか」を自然の中に見出すのである。

とは言っても、何でもかんでも好き放題やっていればいい、という話をしているわけではない。丸橋先生の言葉は、はじめから「〝いい研究〟をすること」を目的に研究をすることの浅ましさを戒めるものであって、〝いい研究〟を目指すことそのものを否定するものではない。この言葉の真意は、自分が興味を持って集めたデータを〝いい研究〟に仕上げるべく、常にアンテナを高く広く持ち続ける努力の大切さを説いたものである。自分がやった仕事を〝いい研究〟に仕上げるためには、常に類似研究の最新の成果や、関連する学問領域の潮流を注視しながら、自分が集めたデータにどんな意味があって、それは学問上どう位置付けられて、その成果からどんなことが明らかになるのか、自問自答し続けなくてはならない。文章で書くのは簡単だが、要は「自分の興味のあることを好きなように研究する」ことを達成させつつ、「ちゃんと学問としての価値を持った研究に仕上げる」ことを忘れない、非常に高度な活動である。私にとって、前者はすでに思う存分やってきた。二年間もタイに滞在し、毎日ベニガオザルを見て好き放題に調査生活を満喫していたのだ。肝心なのは、後者のほうである。自分が見つけてきた研究の「原石」は、どうやって磨いたら〝いい研究〟に仕上げられるのか、それをしっかりと考えなければならない。

私にとって、その「原石」をいくつも掘り出して磨き上げることを可能にしてくれた存在がある。それが、京都大学霊長類研究所という研究環境だった。京都大学霊長類研究所は、ミクロからマクロまで、あらゆる研究領域の研究者が、「サルを対象とした研究」という共通項でまとまっていた研究所だ。各々興味の方向性や研究対象、研究手法は違えども、みな「ヒトの進化的起源を霊長類に求める」姿勢は一貫していたと私は信じている。この研究所で大学院生となり、いろいろな先生と交流することができたおかげで、他分野で使われている様々な研究手法を学ぶことができ、野外でサルを観察するときの視野を広げることができた。

その恩恵を受けた仕事が、例えば4章で紹介した交尾音声の研究（186ページ）や、先述の表情の研究である。この二つの研究は、大学院入学当初から交流のあった認知学習分野の香田啓貴先生と、たまたま雑談していたときに浮かんできたアイデアが元になっている。普通であれば表情や音声のデータなどすぐに用意できるものではないのだが、私は調査中に交尾行動を詳細に記録する目的で頑張ってビデオで記録を続けていたおかげで、運良くそこから表情データや音声データをすぐに抽出することができた。その結果、それが独立した研究としてまとまり、論文にまでなったのである。もし私が交尾データをすべてフィールドノートに記録する方法で調査をやっていたら、こうした「ノートに記録できない」データは手元にはなかっただろう。そして、もし私が霊長類研究所で大学院生をしていなかったら、音声データや表情データという「原石」は、交尾ビデオというラベルの陰に隠れて発掘されないままだったかもしれない。

私の博士研究が、単にベニガオザルの繁殖行動の研究にとどまることなく、表情の解析からヒトの発話の起源に迫る研究に発展したり、繁殖戦略の研究がヒトの協力行動の進化研究の中に位置づけられたりと、学問分野横断的な展開を成し遂げることができたのも、すべて霊長類研究所の院生としてベニガオザル研究をやっていたがゆえであり、私が集めてきたデータをまったく別の視点から見て「新たな価値」を創造してくださった霊長類研究所の先生方のおかげである。

欧米の霊長類研究は、臨床医学的見地から「ヒトのモデル動物」としてサルを扱ってきたのに対し、日本の霊長類研究は、純粋理学の視点を源流に持ち、サルの中にヒトの起源を見出す総合的学問としての「霊長類学」に発展させ、領域横断的な研究の推進によって国際規模で霊長類学を牽引してきた。その原動力を提供してきたのが、京都大学霊長類研究所という環境であった。教員も院生も多様な分野を学ぶ中で、お互いに活発に交流し新たな価値を創造し続けてきた霊長類研究所で院生時代を過ごせたことは、私にとっては非常に大きな財産となった。二〇二二年三月をもって「京都大学霊長類研究所」の看板は降ろされ新たな組織に生まれ変わったが、そこに野外調査を中心とする部門はもはや存在しない。社会生態学こそ霊長類学の醍醐味だと憧れを持ってこの道を選んだ私にとっては悲しいことであるが、志を忘れず、自分の持ち場で今できることを精一杯頑張るしかない。

私が博士課程の間の二年間をかけて地道に集めてきた「原石」は、二〇を超える研究テーマとして整理されるまでになった。すでに出版済みの論文が必ずしも〝いい研究〟だと評価されるに足るものではないのは、ひとえに私自身の能力不足ゆえであり、不甲斐ないことこの上ない。それでも諦めることなく、これからも手元にあるデータをひとつひとつ丁寧に整理し、まとめ上げ、〝いい仕事〟に育てる努力をすることの大切さを、しっかりと心に留めておきたい。愚直で非効率的にも見える小さな一歩一歩の積み重ねだが、いつかベニガオザルの生態を理解するうえで重要なピースになっていくことを信じて。

彼らの行く先にはどんな未来が待っているのだろうか。
私にできることは限られているが、これからも彼らの暮らしを、
そっと見守っていきたい。

タイ王国というのは実に不思議な国であると、渡航するたびに思う。私はもっぱらベニガオザルの調査のためにタイに来ているので、活動範囲はせいぜいチュラーロンコーン大学周辺と調査地までの道中程度で、バンコクの繁華街やビーチリゾートなどの観光地とは無縁のタイ滞在生活である。調査地に着けば娯楽は皆無で、日本では考えられないような不便な生活を強いられる。自分の常識はまったく通用しないし、役所の人間の言うことであってもまともに信用できない。何をするにも精神をすり減らさねばならないこの国で、私の思い通りに事が運んだことなどただの一度もない。であるにもかかわらず、帰国前になると「帰りたくない」と駄々をこね、憂鬱になってお腹を壊す。日本に帰るとすぐに、次の渡航までの日数を指折り数えて、出発日を待ち侘びるのである。それほどまでに、この国でベニガオザルと過ごした日々が、私自身のアイデンティティの根幹を成しているということだろうか。

私が院生だった当時、霊長類研究所の社会進化分野にいた先輩・後輩は、外国人留学生を除き、みなアフリカで類人猿の研究に取り組んでいた。王道・主流派の道を逸れてアジアなんぞへ出ていった捻くれ者は私くらいのものである。したがって私には「調査地で苦楽を共にし、同じ釜の飯を食った仲間」というのがいない。タイで調査中の二年間、実にいろいろなことがあったのに、その体験を思い出話として語る仲間がいないというのは、正直に言って寂しい。論文を出しても特段の嬉しさがないというか、「とりあえず仕事が片付いてホッとした」以外の感情が湧かないのも、達成感や喜びを共有する仲間がいないからなのかもしれない。

一方で、私ひとりしかいないのだから、自分の調査地でどんな研究をしても自由だった。誰かの研究テーマと競合するからダメとか、この調査方法は誰かの研究に影響を与えるからダメなどという問題は起きない。いくつ研究テーマを抱えても、誰からも何も言われない。好き勝手に、やりたい放題、調査に没頭した二年間だった。

一つだけ悔やまれることがあるとすれば、「この仕事は豊田でなければ成し遂げられなかった！」と評されるだけの研究を、いまだに成しえていないことだ。これまでの私のベニガオザル研究の成果は、別に私でなくてもできた仕事ばかりである。向こう四〜五年の人生（もしかしたらもっとかもしれないが）を棒に振る覚悟と、貯金を全額使い果たしても特に気にしない性格を持った人間であれば、誰でも同じように時間を費やして観察し、同じような現象を見て、同じようなデータを取ることはできただろう。なにぶんベニガオザルは先行研究がほとんどないサルゆえ、何を見てもある意味で「新しい発見」ばかりなのだ。裏を返せば、マイナーな種の研究であれば、「新しい発見」は、時間と金と体力で〝買える〟ということである。もちろん初期投資としてはそれでいいかもしれない。しかし今後は、買ってきた部品を組み合わせて、自分にしか作れない「いい仕事」を組み立てねばならない。私が研究者として生き残っていけるかどうかは、まさにそこにかかっている。今後も精進あるのみである。

私がタイでベニガオザルを対象に博士研究をすすめるにあたり、武蔵大学の丸橋珠樹先生には大変お世話になった。写真撮影や、データ整理のためのプログラミングなど、研究に必要な多くの技術を私に授けてくださった。京大系霊長類学者の例に漏れず、研究そのものについては「自分で考えなさい」が基本姿勢だったが、私がなにかを見つけて自分なりの結論を得たものについてはいつも真剣に議論に応じてくださり、研究をひと回りもふた回りも大きく発展させてくださった。ベニガオザルの研究ができなければ博士課程に進学するのは辞めようとまで悩んだ時期もあったが、私の研究人生がこうして続いているのもひとえに丸橋先生のおかげである。また、当時京都大学霊長類研究所の川本芳先生（現：日本獣医生命科学大学）には、遺伝解析のすべてをご指導いただいた。川本先生のご助力無くして、私は博士号取得に足る研究を成し遂げることはできなかった。ニホンザルの交雑問題に真摯に取り組み、誰もいない深夜の実験室でひとりパソコンに向かって交雑判定の解析をされている川本先生の背中は、今でも忘れることはない。尊敬する両先生に出会えたことは私にとって大きな宝物であり、そのご指導を賜ることができた幸運を噛み締め、心の底より深く感謝しています。

チュラーロンコーン大学のマライヴィジットノン・スチンダ先生には、タイ王国で調査を実施する上での調査許可取得から調査実施手続き、現地での実験環境の提供、サンプルの国外輸出手続きなど、全面的なご支援をいただいた。カオタオモー保護区の責任者であるチョクラップ・チューチャート氏、および職員のインプラセート・パンラート氏（ロンウワンさん）、インプラセート・ワンチャイ氏（パニーさん）には、調査地滞在中のあらゆる身の回りの世話や、研究に集中できる環境整備に尽力いただいた。また、テッチャワッティワットクン・ナパッチャヤー氏には、泰英通訳や関係各所との折衝から海外生活における日常的な手助けに至るまで、タイ国内での研究活動に公私共々多大なるご協力をいただいた。私がタイで特段の深刻な問題に遭遇することなく無事に調査を終えることができたのも、ナパッチャヤー氏の援助のおかげである。これらの方々の支援なしには私はタイでの調査を成し遂げることは不可能だった。本当に感謝しています。

霊長類研究所の教員であった香田啓貴先生、足立幾磨先生、西村剛先生、松田一希先生には、まだ外部資金がなかった博士一年の時に様々な形でタイ渡航実現のためのご支援をいただいた。私費調査を敢行できたのも先生方のご支援のおかげであり、ベニガオザル研究の今があるのも先生方のお力添えのおかげであると言っても過言ではなく、感謝してもしきれない。松田一希先生はその後も、学位取得後の行く先がなかった私を外部資金で三年半も雇用してくださり、研究者として生き残るための道を開いてくださった。どうもありがとうございました。

ベニガオザル研究を進めるにあたり、丸橋珠樹先生、川本芳先生、マライヴィジットノン・スチンダ先生をはじめ、指導教員であった古市剛史先生、副指導教員だった香田啓貴先生、湯本貴和先生、濱田穣先生、マイケル・ハフマン先生、社会生態分野の皆様、そして霊長類研究所の先輩・後輩の皆様から、議論を通じて研究に関する助言や指摘など建設的なご意見をたくさんいただいた。また、日本モンキーセンターの皆様には、犬歯や精巣の計測に関する研究などで大変お世話になった。日本霊長類学会の会員の皆様には、学会発表等で多くの貴重なご意見をいただき、またベニガオザル研究を評価いただき、大変励みとなった。香田啓貴先生とはいくつも共同研究をさせていただき、研究を多角的・学際的に発展させる機会をいただいた。その共同研究の中で、東京大学の井原泰雄先生にはベニガオザルの連合形成の社会生態学的メカニズム解明のための研究で、大阪大学の森田尭先生には機械学習やAI技術を用いた研究で、それぞれお世話になった。霊長類研究所総務課の皆さま、ならびに社会生態分野の秘書だった広瀬しのぶ氏、三浦久美氏には、海外出張に関する手続きや研究費の管理・運用など、あらゆる事務的な支援をいただいた。中部大学では松田一希先生、津田一郎先生はじめ、研究支援課の皆様など多くの方々に、異例の長期調査実現のためのご助力をいただいた。タイ国内では、松平一成氏、バンランサップ・スリチャン氏に遺伝実験のご助力をいただいたほか、チュラーロンコーン大学理学部生物学科霊長類研究ユニットの学生の皆様、並びにタイ国立霊長類研究センターの関係者の皆様のご協力をいただいた。ベニガオザルに興味を持っていただいたNHKエンタープライズの小山靖弘氏、および二度にわたる撮影で素晴らしい番組を作っていただいたNHKエンタープライズの石垣竜氏、撮影隊の嶌村泰人氏、河合よーたり氏、長屋良典氏の皆さまのおかげで、ベニガオザルの認知度も大きく向上した。私の研究は、ここですべての方のお名前を挙げきれないほど、多くの方々のご支援・ご協力の上に成り立っている。この場を借りて、すべての皆様に厚く御礼申し上げます。

本書執筆の話を西江仁徳先生よりいただいたのは二〇二一年一〇月頃、まだ新型コロナウイルス感染症のために海外渡航が規制されていて、タイでの調査再開の目処が立っていない頃だった。原稿を書き始めてから八か月。その間、実に二年ぶりとなるタイ調査を二〇二二年二月に実現したが、案の定、調査地周辺の環境は激変し、サルたちの遊動域も大きく変化し、識別されていない個体が一気に増えてしまった。私の博士研究時代のデータとの連続性はプツリと途絶えてしまい、本当に自分の手持ちデータが「賞味期限切れ」になってしまったのだ、と思うと、悔しくてたまらない。もしこの本がなければ、多くのデータが文字通り水泡に帰していたことだろう。本書執筆の機会をいただき、また編集作業で多くの建設的なご意見をいただいた、黒田末壽先生、西江仁徳先生、京都大学学術出版会の永野祥子氏に、心より感謝を申し上げます。私のデータが日の目を見る機会をいただけて、苦労が報われました。

私のこれまでの研究は、以下の助成を受けました。京都大学野生動物研究センター 共同利用・共同研究（#2015-Jiyuu-8）、ナショナルジオグラフィック協会 ヤングエクスプローラーグラント（#Asia-22-15）、京都大学教育研究振興財団 在外研究長期助成、日本科学協会 笹川科学研究助成（#2020-5028）、日本学術振興会 特別研究奨励費（DC2：#16J0098、CPD：#22J01638）、日本学術振興会 科学研究費（若手研究 22K13802）（国際共同研究加速基金・国際共同研究強化B #19KK0191 代表：松田一希）。また、以下の研究事業からのご支援もいただきました。日本学術振興会 科学研究費 新学術領域研究（#17H06380 代表：岡ノ谷一夫）、日本科学技術振興機構 戦略的研究推進事業（#17941861-JPMJCR17A4

代表：津田一郎）。

二〇二二年七月、私は調査のためにタイ王国に戻ってきた。コロナなどすっかり克服したかのように、入国規制やその後の行動制限はまったくない。コロナ禍に適応してか、国内の運送網は劇的に発展し、私の調査地のような田舎の僻地であってもオンラインショップで購入したものが配達されるようになっていた。博士研究の長期調査時代にこんな便利なものがあれば、もっといろいろな調査手法に挑戦できたかもしれないな、と思う。ベニガオザル研究はまた一からの立て直しだが、気持ちを入れ替えて頑張ろうと決意を新たにしている。

最後に、家業を継ぐことなく研究の道を選び、三〇歳を過ぎても定職に就けず、結婚もできず、タイに調査に行っては貯金を使い果たし、いつまでも親の脛をかじりながら、好きなことばかりやってまったく自立しない不出来な私を支えてくれている家族に感謝します。この本の出版を楽しみにしてくれていた亡き祖父にも、この本が届きますように。間に合わなくて、ごめんなさい。

調査基地でドリアンを片手に、犬たちと止まない雨を眺めながら。

二〇二二年七月二二日

豊田　有

著者のおすすめ

読書案内

霊長類学を学ぶ人のために

西田利貞・上原重男 編、世界思想社、1999年

霊長類学を学ぶ学生の必携書。多様な研究分野を網羅し、霊長類学という学問を体系的に学ぶことができる。教科書的な位置づけでありながら、いつ読み返しても新鮮な発見がある本で、自分の研究がつまずいた時には解決の糸口を見つけることができる羅針盤的存在でもある。

霊長類生態学——環境と行動のダイナミズム

杉山幸丸 編著、京都大学学術出版会、2000年

霊長類学の中でも、野外調査を主体とする社会生態学領域を俯瞰した一冊。世界各地の調査地から得られた成果が集約されており、霊長類の社会を考える基盤を学ぶことができる。野外調査を行う研究者には非常に有益な情報や、自分の研究の幅を広げる上でも参考になる記載多数。

東南アジア紀行

梅棹忠夫 著、中公文庫、1979年

戦後間もない混乱期に学術調査隊を組織し、タイ、ベトナム、ラオス、カンボジアを旅した梅棹の紀行。各国での想像を絶するエピソードが満載で、読んでいて引き込まれると同時に、調査にかける熱意と執念が感じられ、胸が熱くなる。古き良き“冒険的研究”として、また同じく東南アジアで調査を行う研究者として憧れる、理想的な研究の記録である。東南アジアの歴史や文化に関する研究に興味がある人にはおすすめの一冊。

サマワのいちばん暑い日——イラクのド田舎でアホ!と叫ぶ

宮嶋茂樹 著、祥伝社、2009年

私は宮嶋氏の影響で写真に興味を持つようになった。戦争、災害、犯罪、政治、貧困といった社会の一側面を鋭く切り取るその表現力と、その写真が持つ圧倒的な威力に強く感銘を受けた。しかし私のような根暗で心配性のヘタレでは、外国の戦地で銃弾をかい潜りながら写真を撮るなどとても真似できたものではない。そのため私は、その真似事を、タイの片田舎の森でやっている。

[2] Fooden, J. (1990) The bear macaque, *Macaca arctoides*: a systematic review. *Journal of Human Evolution*, 19, 607-686.

[3] Toyoda, A., Maruhashi, T., Malaivijitnond, S. et al. (2020) Dominance status and copulatory vocalizations among male stump-tailed macaques in Thailand. *Primates*, 61 (5), 685-694. https://doi.org/10.1007/s10329-020-00820-7

[4] Van Schaik, C.P., Pandit, S.A., & Vogel, E.R. (2006) Toward a general model for male-male coalitions in primate groups. In: Kappeler, P.M., & Schaik, C.P. (eds.) *Cooperation in Primates and Humans*. Springer, pp. 151-171.

5章

[1] Toyoda, A., Maruhashi, T., Malaivijitnond, S., & Koda, H. (2017) Speech-like orofacial oscillations in stump-tailed macaque (*Macaca arctoides*) facial and vocal signals. *American Journal of Physical Anthropology*, 164 (2), 435-439.

参考文献

1章

［1］ Chevalier-Skolnikoff, S.（1974）Male-female, female-female, and male-male sexual behavior in the stumptail monkey, with special attention to the female orgasm. *Archives of Sexual Behavior*, 3（2）, 95–116.

2章

［1］ Treesucon, U.（1988）A survey of stump-tailed macaques（*Macaca arctoides*）in Thailand. *Natural History Bulletin of the Siam Society*, 36, 61–70.

［2］ Toyoda, A., & Malaivijitnond, S.（2018）The first record of dizygotic twins in semi-wild stump-tailed macaques（*Macaca arctoides*）tested using microsatellite markers and the occurrence of supernumerary nipples. *Mammal Study*, 43（3）. doi:10.3106/ms2017-0081

3章

［1］ Feistner, A.T.C., McGrew, W.C.（1989）Food sharing in primates: a critical review. In: Seth, P.K., Seth, S.（eds.）*Perspectives in Primate Biology*, vol 3. Today and Tomorrow Printers and Publishers, pp. 21–36.

［2］ Yamagiwa, J., Tsubokawa, K., Inoue, E. et al.（2015）Sharing fruit of Treculia africana among western gorillas in the Moukalaba-Doudou National Park, Gabon: Preliminary report. *Primates*, 56, 3–10. https://doi.org/10.1007/s10329-014-0433-3

［3］ Jaeggi, A.V., van Schaik, C.P.（2011）The evolution of food sharing in primates. *Behavioral Ecology and Sociobiology*, 65, 2125–2140.

［4］ Matsumura, S.（1999）The evolution of “egalitarian” and “despotic” social systems among macaques. *Primates*, 40, 23–31. https://doi.org/10.1007/BF02557699

［5］ 小川秀司（1999）たちまわるサル：チベットモンキーの社会的知能．京都大学学術出版会．

4章

［1］ Cerda-Molina, A.L., Hernández-López, L., Rojas-Maya, S. et al.（2006）Male-induced sociosexual behavior by vaginal secretions in *Macaca arctoides*. *International Journal of Primatology*, 27, 791–807. https://doi.org/10.1007/s10764-006-9045-0

ま

や

ら

わ

A－Z

た

な

は

索　引

＊**太字**の数字は写真・動画・音声の掲載ページを示す。

あ

か

さ

Profile

豊田　有（とよだ ある）

岐阜県出身。1990年生まれ。物心ついたときから生き物に囲まれて育つ。京都大学大学院理学研究科生物科学専攻（京都大学霊長類研究所）博士後期課程修了、博士（理学）。現在、日本学術振興会特別研究員CPD（国際競争力強化研究員）。2015年にタイ王国に野生ベニガオザルの長期調査拠点を構築、以後継続的に調査を実施。研究テーマはマカク属の社会進化、オスの繁殖戦略、協力行動や社会行動など。

医者の家系に生まれながら医学部受験の重圧に挫折し、高校時代は引きこもり生活を送る。そこで出会った生物の先生に日本爬虫両棲類学会に連れて行ってもらったことがきっかけで生物学の世界に足を踏み入れ、気がつけば霊長類学者に。

2021年笹川科学研究奨励賞、2022年日本霊長類学会高島賞受賞。noteで「タイでサル調査！研究奮闘記」、日本モンキーセンター発行の雑誌『モンキー』で「タイ王国を巡る」を連載中。

新・動物記 7
白黒つけないベニガオザル
やられたらやり返すサルの「平和」の秘訣

2023 年 1 月 15 日　初版第一刷発行

著　者　　豊田　有

発行人　　足立芳宏

発行所　　京都大学学術出版会

京都市左京区吉田近衛町69番地
京都大学吉田南構内（〒606-8315）
電話　075-761-6182
FAX　075-761-6190
URL　https://www.kyoto-up.or.jp
振替　01000-8-64677

ブックデザイン・装画　森　華
印刷・製本　亜細亜印刷株式会社

ISBN 978-4-8140-0451-5　　定価はカバーに表示してあります

た膨大な時間のなかに新しい発見や大胆なアイデアをつかみ取るのです。こうした動物研究者の豊かなフィールドの経験知、動物を追い求めるなかで体験した「知の軌跡」を、読者には著者とともにたどり楽しんでほしいと思っています。

最後に、本シリーズは人間の他者理解の方法にも多くの示唆を与えると期待しています。人間は他者の存在によって、自己の経験世界を拡張し、世界には異なる視点と生き方がありうると思い知ります。ふだん共にいる人でさえ「他者」の部分をもつと認識することが、互いの魅力と尊重のベースになります。動物の研究も、「他者としての動物」の生をつぶさに見つめ、自分たちと異なる存在として理解しようと試みています。そして、なにかを解明できた喜びは、ただちに新たな謎を浮上させ、さらなる関与を誘うのです。そこで異文化の人々の世界を描く手法としての「民族誌（エスノグラフィ）」になぞらえて、この動物記を「動物のエスノグラフィ（Animal Ethnography）」と位置づけようと思います。この試みが「人間にとっての他者＝動物」の理解と共生に向けた、ささやかな、しかし野心に満ちた一歩となることを願ってやみません。

シリーズ編集

黒田末壽（滋賀県立大学名誉教授）

西江仁徳（日本学術振興会特別研究員 RPD・京都大学）

来たるべき動物記によせて

「新・動物記」シリーズは、動物たちに魅せられた若者たちがその姿を追い求め、工夫と忍耐の末に行動や社会、生態を明らかにしていくドキュメンタリーです。すでに多くの動物記が書かれ、無数の読者を魅了してきた今もなお、私たちが新たな動物記を志すのには、次の理由があります。

私たちは、多くの人が動物研究の最前線を知ることで、人間と他の生物との共存についてあらためて考える機会となることを願っています。現在の地球は、さまざまな生物が相互に作用しながら何十億年もかけてつくりあげたものですが、際限のない人間活動の影響で無数の生物たちが絶滅の際に追いやられています。一方で、動物たちは、これまで考えられてきたよりはるかにすぐれた生きていく術《スキル》をもつこと、また、他の生物と複雑に支え合っていることがわかってきています。本シリーズの新たな動物像が、読者の動物との関わりをいっそう深く楽しいものにし、人間と他の生物との新たな関係を模索する一助となることを期待しています。

また、本シリーズは研究者自身による探究のドキュメントです。動物研究の営みは、対象を客観的に知るだけにとどまらない幅広く豊かなものだということも知ってほしいと願っています。動物を発見することの困難、観察の長い空白や断念、計画の失敗、孤独、将来の不安。そのなかで、研究者は現場で人々や動物たちから学び、工夫を重ね、できる限りのことをして成長していきます。そして、めざす動物との偶然のような遭遇や工夫の成果に歓喜し、無駄に思え

ANIMAL ETHNOGRAPHY

新・動物記

シリーズ編集　黒田末壽・西江仁徳

好評既刊

1 キリンの保育園　タンザニアでみつめた彼らの子育て　齋藤美保

2 武器を持たないチョウの戦い方　ライバルの見えない世界で　竹内　剛

3 隣のボノボ　集団どうしが出会うとき　坂巻哲也

4 夜のイチジクの木の上で　フルーツ好きの食肉類シベット　中林　雅

5 カニの歌を聴け　ハクセンシオマネキの恋の駆け引き　竹下文雄

6 アザラシ語入門　水中のふしぎな音に耳を澄ませて　水口大輔

7 白黒つけないベニガオザル　やられたらやり返すサルの「平和」の秘訣　豊田　有